"十四五"普通高等教育规划教材
国家级一流本科专业建设点配套教材
高等院校艺术与设计类专业"互联网+"创新规划教材

广场设计及园林绿化

李 科 编著

北京大学出版社
PEKING UNIVERSITY PRESS

内 容 简 介

本书从广场的发展历史、设计要素、空间尺度与组织、园林绿化功能、植物配置等基础理论出发，梳理城市广场及园林绿化的设计方法、设计构思与设计表达。全书共六章，阐述广场设计及园林绿化重要的理论观念和学术前沿问题，第一章至第五章搭建了课程的理论架构体系，第六章为设计过程实录。本书以图文结合的方式阐述设计的过程，包括场地分析，设计立意、构思、比较与完善，设计成果与表达，展示了各个阶段的设计深度及图纸效果。

本书可作为艺术类院校环境艺术设计专业及城市规划、建筑学、园林等专业的教材或教学参考用书，也可供园林设计人员及相关专业爱好者参考阅读。

图书在版编目（CIP）数据

广场设计及园林绿化 / 李科编著. -- 北京：北京大学出版社，2024.7. --（高等院校艺术与设计类专业"互联网+"创新规划教材）. -- ISBN 978-7-301-35312-7

Ⅰ. TU984.18；S73

中国国家版本馆 CIP 数据核字第 2024ZE6115 号

书　　名	广场设计及园林绿化 GUANGCHANG SHEJI JI YUANLIN LÜHUA
著作责任者	李　科　编著
策划编辑	孙　明　蔡华兵
责任编辑	孙　明　王　诗
数字编辑	金常伟
标准书号	ISBN 978-7-301-35312-7
出版发行	北京大学出版社
地　　址	北京市海淀区成府路 205 号　100871
网　　址	http://www.pup.cn　　新浪微博：@北京大学出版社
电子邮箱	编辑部 pup6@pup.cn　　总编室 zpup@pup.cn
电　　话	邮购部 010-62752015　　发行部 010-62750672　　编辑部 010-62750667
印刷者	天津中印联印务有限公司
经销者	新华书店
	889 毫米 ×1194 毫米　16 开本　12.25 印张　392 千字 2024 年 7 月第 1 版　2024 年 7 月第 1 次印刷
定　　价	79.00 元

未经许可，不得以任何方式复制或抄袭本书之部分或全部内容。
版权所有，侵权必究
举报电话：010-62752024　电子邮箱：fd@pup.cn
图书如有印装质量问题，请与出版部联系，电话：010-62756370

前言

近年来，我国社会经济繁荣发展，国家和民众的环境意识有了大幅提高，园林景观行业获得了前所未有的发展空间，城市广场的内容和形式也发生了巨大的变化。

传统的研究认为，中西方传统城市公共空间形态存在差异，即中国传统城市的公共空间形态以街道为主，而西方传统城市的公共空间形态以广场为主。其实不然，中西方广场皆起源于自发形成的场地，多数位于建筑前或由建筑围合，其功能基本相似。在城市的发展过程中，中国的建筑多为衙署、祖祠、住宅，建筑前的广场多数由统治阶级使用（或处于私宅院落内），只有庙宇、集市对民众开放，导致公共娱乐空间多以街市的形式出现。西方城市的发展多以教堂为中心，公共性质的教堂前的广场便成了市民活动的场地。然而，中国传统城市缺乏广场型外部公共空间作为主流思想深深影响着城市空间设计领域的学术研究与探索。

在现代城市空间设计中，城市空间开放化、集聚化的趋势使得广场型外部公共空间成为城市空间中不可缺少的因素，也使得我国现有的城市广场设计多借鉴国外城市广场的设计理念。但是无论中方还是西方，广场设计的物质要素都是植物、水体、铺装、地形、景观建筑与小品，设计师利用这些要素在合理的尺度下进行空间组织与设计。

了解城市广场发展的历史脉络，掌握先进的设计理念，运用专业技能创造令人心旷神怡的景观环境，是每位从事广场设计工作的研究人员和设计师必须具备的素质。

广场设计及园林绿化是风景园林、环境艺术设计、城市规划专业课程之一。本课程帮助学生了解广场设计及园林绿化相关的基础理论知识，包括相关专业概念、发展历史及设计趋势、设计构成要素、植物配置方法等，目的是让学生掌握城市广场设计的基本原则，学习正确的构思和设计方法。

如何培养优秀的设计师是本专业所面临的重大课题，此外本专业还面临社会需求不断变化，相关理论研究有待加强，专业书籍相对欠缺等问题。作为环境艺术设计、城市规划专业的教师，编者深感责任重大。根据多年的教学实践经验，编者认为广场设计及园林绿化的教育应包含专业基础理论、设计方法、设计构思与设计表达，这些部分相辅相成，缺一不可。本书是编者在广泛收集资料与研究的基础上编写而成的，内容丰富、翔实，图文并重。全书理论结合实践，详细阐述了城市广场的发展历史、发展趋势、设计思想及设计方法，通过相关案例的分析，使读者清晰、直观地感受设计师的意图。书中案例，一部分是优秀设计师的成熟作品，多为有代表性的图纸或照片；另一部分则是学生在学习相关理论、了解设计方法后所做的方案，这些方案虽然有不足之处，但是仍然有一定的参考价值。希望本书对高等院校风景园林、环境艺术设计、城市规划等专业的师生，以及一线的设计人员有所帮助。

在本书的编写过程中，注重寓价值观引导于知识传授和能力培养之中，深度挖掘本门课程蕴含的思政教育资源，帮助学生塑造正确的世界观、人生观、价值观，以培养学生的理想信念、责任意识、创新思维和科学方法为目标，落实立德树人的根本任务。

在本书的编写过程中，编者得到了很多专家、学者的支持与帮助，特此致谢。刘博伦、郭大千、高嘉崎、朱玉、耿赫岑、孙志远、刘思齐、代缦阁几位研究生为本书搜集、整理了大量资料；施济光教授、马克辛教授、付晓峰女士为本书提供了大量的照片；建筑艺术设计学院的学生为本书提供了大量的作业和作品，在此一并表示衷心的感谢！

感谢北京大学出版社编辑在本书编写过程中给予的热情帮助。书中引用了许多前辈的研究成果，在此表示衷心的感谢和深深的敬意。

书中选用的图片来源：作者参观、访问、学习过程中拍摄的照片；教学过程中，学生临摹的相关图片及完成的课程作业；参考文献中的图片。

限于编者水平，书中难免有疏漏之处，恳请广大专家、学者、同行师长和读者批评指正。

李科

2024年3月

目录

第 1 章　广场的定义与分类 /001
1.1　广场的起源及概念 /002
　　1.1.1　广场的起源 /002
　　1.1.2　广场的相关概念 /003
　　1.1.3　广场的特点 /003
1.2　广场的分类 /004
　　1.2.1　根据广场性质、功能和用途分类 /004
　　1.2.2　根据广场平面组合形态分类 /007
　　1.2.3　根据广场等级分类 /008
　　1.2.4　根据广场地形分类 /008
复习与思考 /010

第 2 章　中西方广场的演变历史 /011
2.1　欧洲城市广场的起源与发展 /012
　　2.1.1　古风时期集市广场 /012
　　2.1.2　古希腊时期集市广场 /012
　　2.1.3　古罗马时期集市广场 /014
　　2.1.4　中世纪时期集市广场 /017
　　2.1.5　文艺复兴与巴洛克时期城市广场 /019
　　2.1.6　古典主义时期城市广场 /024
　　2.1.7　近现代西方城市广场 /025
2.2　中国城市广场的发展过程 /028
　　2.2.1　原始的广场 /028
　　2.2.2　坛庙广场 /028
　　2.2.3　朝（殿）堂广场 /030
　　2.2.4　佛寺广场 /030
　　2.2.5　市井广场 /031
　　2.2.6　近现代中国城市广场 /032
2.3　中西方传统城市广场的区别 /035
　　2.3.1　空间形态与尺度的不同 /035
　　2.3.2　城市的核心不同 /035
　　2.3.3　文化内涵的差异 /035
复习与思考 /036

第 3 章　广场的空间设计 /037
3.1　广场设计的物质要素 /038
　　3.1.1　植物 /038
　　3.1.2　水体 /051
　　3.1.3　铺装 /064
　　3.1.4　地形 /079
　　3.1.5　景观建筑与小品 /083
3.2　广场设计的意象要素 /098

            3.2.1　道路 /098
            3.2.2　边界 /099
            3.2.3　区域 /101
            3.2.4　节点 /101
            3.2.5　标志物 /101
   3.3　广场的空间尺度 /104
            3.3.1　环境感知 /104
            3.3.2　空间尺度 /105
            3.3.3　城市微空间 /106
   3.4　广场的空间组织 /108
            3.4.1　空间序列的开始 /108
            3.4.2　确立主题或标志性空间 /109
            3.4.3　广场的空间组织 /110
            3.4.4　广场的空间联接 /111
   复习与思考 /112

第 4 章　园林绿化的功能 /113
   4.1　园林绿化的三大效益 /114
            4.1.1　园林绿化的社会效益 /114
            4.1.2　园林绿化的生态效益 /114
            4.1.3　园林绿化的经济效益 /117
   4.2　园林植物的建筑功能 /118
            4.2.1　构成空间 /118
            4.2.2　屏蔽和障景 /120
            4.2.3　框景 /121
   复习与思考 /121

第 5 章　广场的植物配置 /123
   5.1　园林植物的分类 /124
            5.1.1　依据植物的生长类型分类 /124
            5.1.2　依据植物对环境因子的适应能力分类 /126
            5.1.3　依据植物的观赏特性分类 /126
            5.1.4　依据植物在园林中的用途分类 /126
   5.2　园林植物的观赏特性 /129
            5.2.1　植物的色彩之美 /129
            5.2.2　植物的形态之美 /132
            5.2.3　植物的香味之美 /135
            5.2.4　植物的声音之美 /135
            5.2.5　植物的意境之美 /135
   5.3　园林植物的配置原则 /136
            5.3.1　植物的选择原则 /136
            5.3.2　符合美学的原则 /137

5.4 广场植物的种植 /140
    5.4.1 广场植物的种植方式 /140
    5.4.2 绿化的相关指标 /146
复习与思考 /147

第 6 章　设计程序与方法 /149

6.1 场地分析 /150
    6.1.1 调研计划 /150
    6.1.2 相关资料的搜集 /150
    6.1.3 场地调查与评估 /151
    6.1.4 场地分析 /155
6.2 立意、构思、比较与完善 /156
    6.2.1 设计立意 /156
    6.2.2 方案构思 /166
    6.2.3 方案比较与完善 /171
6.3 设计成果与表达 /172
    6.3.1 平面图 /172
    6.3.2 景观剖（立）面图 /173
    6.3.3 分析图 /173
    6.3.4 景观设施小品及地面铺装 /173
    6.3.5 透视图及鸟瞰图 /178
    6.3.6 图纸整理与排版 /178
6.4 教学计划与课程作业 /180
    6.4.1 教学计划 /180
    6.4.2 课程作业 /181
复习与思考 /183

参考文献 /184

第1章
广场的定义与分类

教学要求与目标

教学要求：通过本章的学习，学生应当了解广场的起源、概念、特点，以及广场的分类。

教学目标：培养学生对广场的认知能力，使学生了解城市广场的起源，熟练掌握广场的特点与分类。

本章教学框架

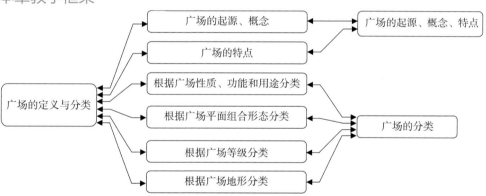

1.1 广场的起源及概念

广场是城市重要的开放空间、公共生活的核心,是城市的"客厅",是承载城市文脉的重要场所。

1.1.1 广场的起源

欧洲"广场"起源于公元前5世纪的古希腊,成形于公元2世纪,最初用于集会、商品交易、庆典与祭祀等活动。广场的出现并不是有目的的空间规划,而是来源于人类社会的实际需求。广场最初多是自发形成的"广"而"空"的场地,如图1-1所示,后经过多年演变逐渐成为城市生活中心,是人们进行交流、演说、集会、审判、竞技等活动的场地。

在设计方法上,传统的城市广场非常注重构图的手法和美学原则的运用,重视整体的空间环境在尺度、比例、色彩、材质方面的和谐与统一,注重保持空间的视觉连续性和围合感,如图1-2所示。很多广场

图1-1 半坡遗址复原图 刘博伦 绘
新石器时代仰韶文化聚落遗址,位于陕西省西安市浐河东岸。居住区在部落中心,由壕沟环绕。房屋中间的一大块空地用于祭祀、集会等,是原始社会自发形成的"广场"。

至今还散发着独特魅力,成为所在城市的象征与标志。

现代的城市广场在设计理念上有了很大的突破,不再像过去那样停留在对空间形态和视觉效果的营造上,而是在城市规划和建筑学等更理性的学科基础上,结合生态学、人体工学、环境心理学和行为学等学科的研究成

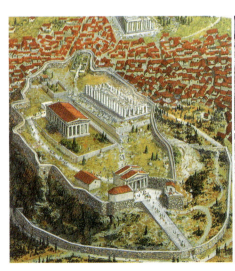

图1-2 雅典卫城自发形成的"广场"
雅典的卫城位于城市中心的山顶上,山顶相对平坦,南北最宽处约130m,东西长约280m。进入卫城山门,可以看到雅典娜胜利神庙、阿尔忒弥斯神庙、帕特农神庙、伊瑞克提翁神庙,建筑物顺应地势自由、灵活地布局,建筑物之间的空地自发形成祭祀用的广场。

果，并综合运用声、光、电，以及计算机控制等先进技术，从更综合、更全面的角度对广场进行设计。

1.1.2 广场的相关概念

"广场"一词起源于古希腊，指市民活动的露天场所。(《简明不列颠百科全书》)这一概念贯穿人类文明的历史并一直延续至今。卡米诺·西特（Camillo Sitte）认为，城市广场应该沿袭古希腊、古罗马、中世纪以来的公共空间特性，以完善、协调、统一的建筑立面围合，内部封闭而自成空间。

凯文·林奇（Kevin Lynch）认为，广场位于一些高度城市化区域的核心部位，被有意地作为活动焦点。通常情况下，广场经过铺装，被高密度的建筑物围合，有街道环绕或与其连通，并且具有可以吸引人群和便于聚会的要素。

克莱尔·库珀·马库斯（Clare Cooper Marcus）与卡罗琳·弗朗西斯（Carolyn Francis）编著的《人性场所——城市开放空间设计导则》一书中指出，广场是一个主要为硬质铺装的，汽车不得进入的户外公共空间，其主要功能是漫步、闲坐、用餐或观察周围世界。

从汉字字义上理解，"广"，具有宽阔、宏大之意，"场"，指平坦的空地。《中国大百科全书》中把城市广场定义为"城市中由建筑物、道路或绿化带围绕而成的开敞空间，是城市公众社会生活的中心，又是集中反映城市历史文化和艺术面貌的建筑空间"。《城市绿地分类标准》中，广场用地是以游憩、纪念、集会和避险等功能为主的城市公共活动场地。《城市用地分类与规划建设用地标准》（GB 50137—2011）中，广场用地是以硬质铺装为主的城市公共活动场地。

综合以上的研究成果和理论观点，可以有如下理解：广场是由建筑或道路围合（限定）的明确空间，是城市公共空间的组成部分、城市历史文脉的载体，具有良好的可达性，能够满足居民的休闲娱乐需求，提供室外活动和公共社交的场所。

1.1.3 广场的特点

(1) 广场是城市外部空间的重要形式，与街道、公园、人行道、滨水地带、住宅区户外空间等组成城市开放空间，承载城市的历史与记忆。

(2) 广场是城市活动的焦点，对所有人开放，满足多样的功能，包括有目的的节日庆典、聚会、交流、用餐、健身等活动，也包括无意识的闲逛、闲坐等。

(3) 广场是由边界限定了内外的明确的空间，具有"自我领域"。虽然有时被纳入城市道路系统，但是它与人行道不同，后者是一个用于过路的空间。

(4) 广场通常位于人口密度大、活动强度高的城市区域，在特定时间段内能承受高强度的人类活动。

(5) 广场中占主导地位的是硬质铺装，如果绿地超过硬质铺装的数量，则被划定为公园。一般情况下，在场地中，绿化占地比例大于等于35%且小于65%的属于广场。

(6) 广场具有良好的可达性，是使用者可以便捷、安全地到达，但机动车辆不得进入的公共空间。

1.2 广场的分类

广场为满足城市功能的需要而产生,并且随着时代的发展而不断变化。城市广场由于出发点不同而形成不同的分类标准。按历史时期可分为古代广场、中世纪广场、文艺复兴时期广场、17世纪及18世纪广场、现代广场;按构成要素可分为建筑广场、雕塑广场、水上广场、绿化广场等;按性质、功能和用途可分为集会游行广场、纪念广场、休闲广场、交通广场和商业广场等;按广场平面组合形态可分为单一型广场和复合型广场;按等级可分为城市级广场、地区级广场、社区级广场;按广场地形可分为水平型广场和立体型广场。

广场的选址、布局和演变受到诸多因素的影响,而首要的影响因素是功能。从古代到现代,广场就是城市居民的社会生活空间,设在城市中心,是城市不可缺少的部分。随着现代社会的发展,城市居民对广场的功能要求日益增多,其分类也就主要以功能为标准了。

1.2.1 根据广场性质、功能和用途分类

城市广场按照性质、功能和用途可分为:集会游行广场、纪念广场、休闲广场、交通广场和商业广场等。但这种分类是相对的,现代的城市广场许多都是多功能复合型广场。

1. 集会游行广场

集会游行广场,包括市政广场、宗教广场等,通常位于城市行政(宗教)中心所在地区,空间氛围庄严肃穆,建筑多呈对称布局,标志性建筑位于轴线之上。为了方便人们到达,广场通常被设置于城市主干道的交会点或尽头,是举办政治(宗教)集会、政府(宗教)重大活动的公共场所。除了为集会、游行和庆典提供场地外,也可以为人们提供旅游、休闲等活动的空间。因与城市主干道相连,广场又可起到组织城市交通的作用,满足人流集散需要。但一般不可用于货运或设摊位进行商品交易,以免影响交通或造成噪声污染。北京天安门广场、莫斯科红场等都属于集会游行广场,如图1-3~图1-5所示。

2. 纪念广场

纪念广场是为了缅怀历史事件和历史人物而修建的广场。传统的纪念广场气氛相对严肃,选址常常避开喧哗的闹市区,在广场中心或侧面常以纪念雕塑、纪念碑或纪念性建筑为标志物,主体标志物常位于构图中心,尺度巨大。20世纪60年代末,强调人文主义价值的社会设计(Social Design)开始流行,改变了传统纪念广场的设计风格。此后,纪念广场成为融入市民日常生活的公共艺术。图1-6所示为沈阳和平广场,东北解放纪念碑矗立于广场的正中央。纪念碑的碑形呈三角亭式,碑的总高度为36.56m。主碑高25m,设计为变形的三角形子弹,碑体均用汉白玉装饰,主碑下部三面刻有3个相连的英语字母"V",并以40只展翅飞翔的鸽子浮雕烘托,"V"是英文单词"胜利"(victory)的

图1-3 天安门广场
南北长880m，东西宽500m，面积达44万平方米，可容纳100万人举行盛大集会。广场中央矗立着人民英雄纪念碑和庄严肃穆的毛主席纪念堂，与天安门浑然一体，共同构成天安门广场。天安门广场是无数重大历史事件的发生地，是中国举行重大庆典、盛大集会和外事迎宾的神圣重地，也是中国最重要的活动举办地和集会场所。

图1-4 庆祝党的百年华诞的天安门广场
2021年7月1日是中国共产党成立100周年庆祝日，天安门广场举行了隆重的庆典活动，场面恢宏，震撼人心。

图1-5 莫斯科红场
南北长695m，东西宽130m，总面积约9万平方米，呈不规则的长方形。红场是著名的市政广场、集会游行广场、宗教广场，是举办群众集会、大型庆典和阅兵仪式的地方。

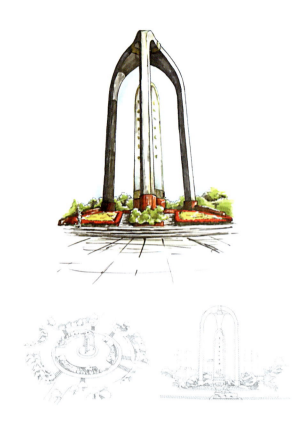

图1-6 沈阳和平广场

和平广场的标志性建筑是东北解放纪念碑。此碑为纪念东北解放40周年而设立,位于和平广场正中央。东北解放纪念碑于2021年3月,被辽宁省文物局确定为辽宁省第一批不可移动革命文物。

首字母,鸽子是和平的象征。简洁的图案意喻战争与和平的辩证关系,以及东三省人民对和平的珍视和美好的祝愿。主碑外侧是顶部相连向下呈三角形环绕主碑的3条拱带,象征着东三省人民载歌载舞、共庆胜利的欢乐场面。

3. 休闲广场

休闲广场是开展文化娱乐活动的广场,集休憩、娱乐、游玩等功能于一体,选址灵活、布局形式多样,场内相关设施齐全、尺度宜人,与城市居住区联系密切,是城市中富有生气的场所,也是最普遍的广场类型,如图1-7所示。

图1-7 休闲广场

该图所示的广场是休闲广场,同时也是交通广场。当车辆密集时,既影响游人到达广场又阻塞交通。

4. 交通广场

交通广场是城市交通系统的有机组成部分,以合理组织交通为目的,是交通枢纽,起到集散、联系、过渡、换乘及停靠作用。交通广场分为两类,一类是城市多种交通汇合转换处的广场,如火车站站前广场;另一类则是城市多条干道交汇处的交通环岛,常精心绿化,或设有标志性建筑如雕塑、喷泉等形成道路的对景。其作用主要是美化、丰富城市景观,一般不涉及公共活动。如图1-8所示的沈阳惠工广场以封闭式绿岛为中心,周围设6个辐射道路用来疏导交通。

5. 商业广场

商业广场通常位于商业活动相对集中的区域,多位于商店、酒店等商业贸易性建筑前。商业广场根据顾客流线与流量确定空间组合方式,以步行环境为主,建筑空间内外相互渗

图1-8 沈阳惠工广场

透，商业活动相对集中。广场设施齐全，建筑小品尺度和内容富有人情味，其目的是方便人们购物。

商业广场的设计要考虑城市各区域到商业广场的便利性、可达性。为了避免广场受到机动车的干扰，保证人们在购物前、后都有安静、舒适的休息环境，可设地下通道，并使之与广场周围车行通道相连接。保证人流、货流、公共交通、消防通道及其他机动车通道等不同性质的交通，流动线分区明确、畅通无阻，满足人们对现代生活的快节奏的需求。可以说，商业广场是一座城市商业中心的精华，直接反映城市经济、文化的发展水平。商业广场的植物配置也不容忽视，合理的植物配置不仅能丰富广场的景观结构，而且能增加城市的趣味。广场环境的美化程度是设计中重点考虑的因素，可以将自然景观引入广场设计，如引入树木、花卉、草坪、水体等自然景观。当然，公共雕塑（包括柱廊、浮雕、壁画、休息设施等艺术小品）和服务设施也是必不可少的。此外，商业广场的照明设计，是广场景观的延伸，可以使商业广场的夜景空间富有层次感且重点突出。五彩缤纷的广场夜景，使城市商业中心的繁华得以充分地展现，但是需要避免光污染。

1.2.2　根据广场平面组合形态分类

广场因受历史文化传统、功能、地形地势等多方面因素的影响而形成不同的形态。根据广场平面组合形态分类，可以分为单一型广场和复合型广场。

1. 单一型广场

这类广场的平面空间形态都是由单一的规则或不规则的几何形状构成，通常可以分为正方形、矩形、梯形、圆形、椭圆形、半圆形、

图1-9　矩形的巴黎旺多姆广场

图1-10　梯形的罗马卡比托利欧广场

图1-11　圆形的巴黎戴高乐广场

三角形和自由形等，如图1-9～图1-11所示。形状规则的广场，一般经过了人为设计，广场的形状严整、对称，有明显的纵横轴线，主要建筑物往往布置在主轴线的主要位置，给人整齐、庄重、理性的感觉。有些规则的几何形广场具有一定的方向性，利用纵横线强调主次关系，表现广场的方向性，还有一些广场以建筑及标识物的朝向来确定方向。例如天安门广场就是沿着中轴线纵深展开，从而形成一定的空间序列，具有强烈的艺术感染力。

2. 复合型广场

复合型广场是指由数个基本几何图形以有序或无序的结构组合而成的广场，如图1-12、图1-13所示。图1-12所示的莫斯科圣彼得广场（Piazza San Pietro）由一个梯形次广场及一个椭圆形主广场组合而成，具有典型的巴洛克风格。图1-13所示的威尼斯圣马可广场（Piazza San Marco）由两个梯形组成，主广场是封闭式的，长175m，两端宽分别为90m和56m，正对着广场中心的建筑是圣马可教堂。次广场位于总督府一侧，朝向亚得里亚海，由两根纪念柱限定广场界面。

1.2.3 根据广场等级分类

根据广场在城市总体结构中的位置和地位，可将其划分为城市级、地区级、社区级3个结构等级。

1. 城市级

提供全市服务的广场。一般位于城市中心区域，交通工具多样、便利，规模较大，能够承载大型公共活动。

2. 地区级

提供地区服务的广场。一般位于功能相对独立、环境具有一定整体性的区域。

3. 社区级

提供居住区服务的广场。规模往往较小，服务范围限于附近的社区居民与过路市民，街头广场多属于这一级别。

1.2.4 根据广场地形分类

根据广场地形的不同，可分为水平型广场和立体型广场。水平型广场在城市空间垂直方向没有高度变化或仅有较小变化，而立体型广场与城市平面网络之间具有较大的高差变化。

1. 水平型广场

传统城市的广场一般与城市道路在同一水平面上。场地没有地势落差，多出现在交通集散地、商业街区等。

图1-12 由梯形和椭圆形组成的莫斯科圣彼得广场

图1-13 由两个梯形组成的威尼斯圣马可广场

2. 立体型广场

如今，城市功能日趋复杂，城市空间用地也越来越紧张。面临这种情况，政府开始考虑城市空间的潜力，进行地上、地下多层次的开发，以改善城市的交通状况、生态环境，于是就出现了立体型广场。由于立体型广场与城市平面网络之间存在较大的高差，能够增强城市空间点、线、面结合的效果，可以使广场空间层次更加丰富。立体型广场又分为上升式广场和下沉式广场两种类型。

（1）上升式广场。广场地面呈抬升的趋势，其空间层次可划分为平坦区域和提升区域。上升式广场构成了仰视的景观，给人一种神圣、崇高、独特的感觉。在当前城市用地及交通十分紧张的情况下，上升式广场因与地面形成多重空间，可以将人车分流，使其互不干扰，极大地节省了空间。采用上升式广场，可打破传统的封闭感觉，创造多功能、多景观、多层次、多情趣的"多元化"空间环境，如图1-14所示。

（2）下沉式广场。广场的地势呈下沉的趋势，其主要区域低于水平面，空间层次可划分为平坦区域和下沉区域。下沉式广场构成了俯视的景观，给人一种活泼、轻松的感觉，被广泛应用在各种城市空间中，如图1-15所示。下沉式广场为忙碌一天的人们提供了一个相对安静、封闭的城市休闲空间环境。下沉式广场应比平面型广场整体设计更舒适、完美，否则不会有人愿意特意造访此地并在此停留，所以下沉式广场的舒适程度是设计时重要的考虑因素。考虑到不同年龄、不同性别、不同文化层次及不同习惯的人们的需求，应建立各种尺度适宜的人性化设施（如座椅、台阶、遮阳伞等），建立残障人士坡道，方便残障人士到达，强调"以人为本"的设计理念。因为下沉式广场位于地下空间，所以要充分考虑其景观效果，以免使人有压抑感、窒息感。下沉式广场的可达性也是设计时重要的考虑因素，下沉式广场的交通系统应与城市主要交通系统相连接，使人们可以轻松到达广场。

图1-14　上升式广场　施济光 摄
抬升的空间，往往更容易形成视觉焦点。将机动车安排在较低层面上，将行人安排在较高层面上，实现人车分流，更有利于提升行人的游览体验。

图1-15　下沉式广场　施济光 摄
根据地形状况，巧妙利用垂直高差分隔空间，营造不同的视觉效果。此种设计需要控制下沉空间与地面的高差变化，以增强空间的围合感和安全性。

复习与思考

1. 广场有哪些分类方式?
2. 广场有哪些特点?

第2章
中西方广场的演变历史

教学要求与目标

教学要求：通过本章的学习，学生应当了解中西方广场的演变历史，重点掌握古罗马时期、中世纪时期、文艺复兴与巴洛克时期城市广场的特点。了解中西方城市广场的差异及未来城市广场的发展趋势。

教学目标：通过本章的学习，使学生了解欧洲城市广场由自发到有意识地进行城市规划设计的发展历史及特色，了解中国由市井广场、街路广场、建筑前广场等到现代广场的演变历史，援古证今，有前瞻性地对城市广场进行设计。

本章教学框架

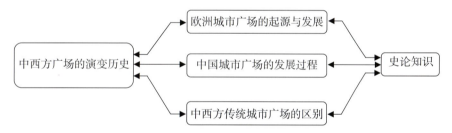

2.1 欧洲城市广场的起源与发展

城市广场起源于地中海文化，是欧洲城市文明中十分精彩的一部分。广场是一种伟大的艺术，人们习惯从美学角度去审视它、赞美它，但追溯广场的起源，它绝非源于审美和艺术造型的需要，也非城市空间规划的结果。广场来源于人类社会的实际需求，是自发产生的"广"而"空"的场地。广场的出现有两个十分重要的前提：一是人们的社会生活方式使其拥有社会政治活动的需求；二是气候环境吸引人们走向户外。

2.1.1 古风时期集市广场

考古学家获知的人类文明史上最早的城市广场，源于爱琴海地区的米诺斯文明，它位于克里特岛的拉托城。拉托（Lato）的集市广场的面积约为400m²，中央设有水池和圣坛，北部设有石砌的台阶看台，看台两侧各设一个塔楼，丰富了看台及整个广场北端的造型。这个看台相当于集会时的"观众席"，服务于参与政治活动的人们，南面更加考究的大平台则是贵族议事活动区域。这个大平台与广场北面的大台阶正好对应，强化了广场的政治色彩，如图2-1所示。

2.1.2 古希腊时期集市广场

在公元前800—前750年，古希腊的城邦已见雏形，集市广场早在荷马时代（前12—前8世纪）就作为集会的场所使用。随着古希腊民主制度的确立，政治民主气氛日益浓郁，加之温和的气候条件适合人们进行户外活动，人们开始频繁聚会议事，探讨哲学、艺术，"广"而"空"的场地应运而生，并逐渐成为

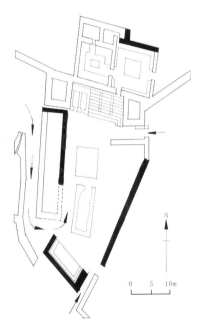

图2-1 拉托（Lato）的集市广场图纸 刘博伦 抄绘
最早的城市广场，主要用于市民的集会，以及参政、议政。

人们聚会的广场"Agora"（有集中之意，即人群集中的地点）。

古风文化时期（前8—前6世纪）的广场是自发形成的，形式自由，没有固定形态，其周边建筑的布局也多是因地制宜，没有几何轴线与对称关系。虽然没有统一的规划，但是多以石砌的神庙为中心建设剧场、竞技场、敞廊等公共建筑，建筑形体较小、尺度宜人、风格一致，并以广场相连接。广场定期举行庆祝活动，人们从各地赶来，举行体育、戏剧、诗歌、演讲等比赛，广场成为人们欢庆的重要户外活动场所。

到古典文化时期（前5—前4世纪中叶），广

场已成为城市中不可缺少的一个基本要素，是民主和法律裁决的象征。除神庙、市政厅、露天剧场、竞技场、敞廊等公共建筑外，住宅、作坊、商铺等的数量也激增，但是这些建筑及建筑群的排列仍然自由、无规则。庙宇、雕像、喷泉或临时性的商摊自发地、因地制宜地、不规则地布置于广场中央或旁侧。这一时期最具有代表性的是雅典的中心广场"Agora"，它是由卫城西北角的火神庙——赫淮斯托斯神庙发展形成的。如图2-2所示，广场平面呈现不规则的梯形，雅典娜节日大道（Panathenaic Way，也称圣道）横穿广场通向卫城。火神庙之北是一座精巧的宙斯祭坛，祭坛东侧40m是十二神坛，四周为有柱廊的正方形小殿。火神庙之南是新旧两座元老院议事厅（Bouleuterion），东侧为旧厅，中立五柱；西侧为新厅，有马蹄形环状座位。建筑位于山腰，可容纳数百人参会。在老议事厅之南是神庙"圜丘厅"（Tholos），又名五十议事厅。广场南侧是近正方形（25.6m×31m）的法庭，其东为长约80m的南部柱廊（或译为敞廊）"Stoa"。柱廊是希波战争后雅典中心广场的改造中增添的一个重要元素，最初只是由柱梁搭设的单侧封闭的棚子，单面向广场敞开，封闭的一侧用于张贴公告、法律条文。这种适合人活动的半封闭半开敞的空间，逐渐发展为广场活动的中心，也是人们参与社会事务最直接的场所。有时也将成排的店铺置于柱廊之后，敞开的一侧依然连接广场，平面形式可分为"一"字形、"L"字形及"Π"字形。柱廊明确了广场的边界，并将建筑与广场在视觉上有机地连接起来，促成了一个完整、统一的广场空间的形成，它是古罗马"柱廊"（Colonnade）与"柱廊院"（Peristyle）的范本，对西方建筑的发展影响深远。南部柱廊作为限定广场空间的第一座主要建筑物，面向雅典娜节日大道上的人流，加强了沿着这条路线运动的人们的视觉感受。中心广场是社交、金融、商贸、学术、集会、宗教仪式等活动的举办场地，是城市的真正核心。

希腊化时期（前323—前30年）是"Agora"广场发展的成熟阶段，此时旧议事厅已被"Metroon"代替，后者提供了一组长长的柱廊，补充向北的早期柱廊的水平基线。南部柱廊从不同的角度重建，并且增建了新的中间柱廊用以联接。圣道一侧建造了阿塔罗斯（Attalos）柱廊，限定了广场的东侧空间。这两座柱廊形成强有力的建筑框架，一同建立起横跨广场空间的视觉上的联系，使得广场空间得到良好的组织，如图2-3所示。虽然后期广场上增加了许多喷泉、雕像与建筑，匀称、开阔的空间遭到破坏，但是神庙、法庭、议事厅等主要建筑依然占据重要地位，建筑的立面及细部都适应人体的视觉尺度，广场空间边缘的界限依然清晰，如图2-4所示。

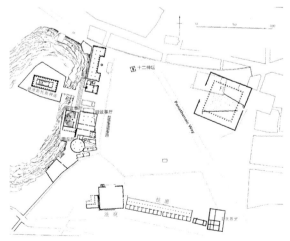

图2-2　古典文化时期雅典的中心广场"Agora"
自发形成的广场，平面呈不规则形状，城市主干道穿过广场，南部的柱廊限定了广场的边界。

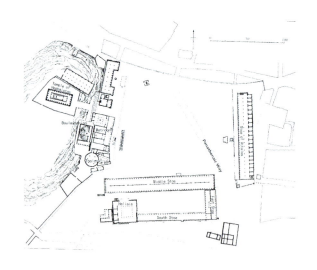

图 2-3 希腊化时期雅典中心广场
广场东部增设一个柱廊，南部"一"字形柱廊重建为"冂"字形，并调整柱廊的角度，依然将其作为广场的边界。

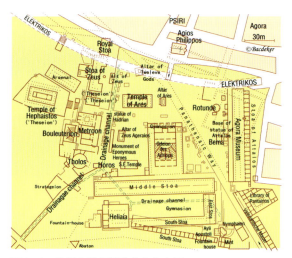

图 2-4 公元 2 世纪的雅典中心广场
雅典中心广场发展到后期，增加了庙宇、神殿、音乐厅等建筑，也增加了喷泉、雕塑，广场显得凌乱、局促。

2.1.3 古罗马时期集市广场

到了古罗马时期，广场（Forum）的建设达到了一个高峰，广场的类型逐渐多样化，在内容和形式上继承了古希腊城市广场的传统，在城市规划方面对尺度比例关系控制得更精确。共和时期的广场延续了古希腊晚期的传统，广场周边的建筑多是人们进行商品交易的市场、举行宗教仪式活动的神庙及处理政务的巴西利卡等。广场布局自由、没有统一规划的痕迹，广场依旧是城市的政治和经济活动中心。如图 2-5 所示，罗曼努姆广场（Forum Romanum），长约 115m，宽约 57m，呈不规则的梯形，布局自由，四周元老院、巴西利卡、交易所等建筑没有统一规划；庙宇的规模很小，形制也不是围廊式的，显得更自由、灵活；整个广场的尺度较小，适应人的视觉、心理需求。以罗努姆广场为中心的共和广场是当时公众活动的场所，它从起初单一的集市广场逐渐转变为丰富的活动中心，到帝国时期已经演化为罗马的精神中枢，充满政治与宗教气息。

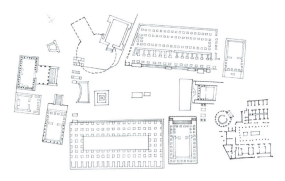

图 2-5 罗曼努姆广场 刘博伦 抄绘
位于巴拉丁山和卡比托利欧山的山脚下，属于开放式广场，城市道路直接穿越广场。广场内的建筑都是共和时期建成的，布局零散、自由。

公元前 27 年，奥古斯都以帝制取代共和制，古罗马从共和时期到帝国时期经历了政治制度的根本性转变，而作为政治制度和社会状况直接反映的广场，在布局和形制上也发生了很大的变化。城市原有的尺度与结构发生了变化，广场从公共活动场所演变为帝王们展示其至高无上权力的手段，从开放空间变为封闭空间，从自由布局变为轴线对称的多层次布局，并且将皇帝的庙宇作为整个构图的中心，用规整空间突出整体形象。广场利用尺度、比例关系，控制景观的整体性，即使是大体量的建筑，其组成部分也是相互协调的，如图 2-6 所示。同时也出现了方形、圆形等规则形广场。欧洲广场由最初的宗教中心发展为集商业、休闲、观景、集会、表演、竞技等功能于一体的综合性场所。

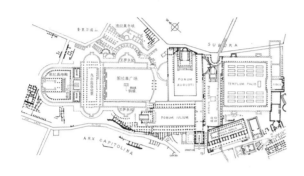

图 2-6　帝国广场群　刘博伦 抄绘
帝国时期的广场群采用几何线的水平、垂直相交的空间布局形式，广场间相互垂直。建筑、雕塑位于广场的中轴线上，形成规整又严格的轴线关系。

恺撒广场（Forum of Caesar）是共和末期（前 54—前 46 年）盖乌斯·尤利乌斯·恺撒在罗曼奴姆广场的南面按完整规划建造的一个封闭式广场。广场长 160m，宽 75m，后半部是恺撒家族的保护神祭殿——围廊式的维纳斯庙（Temple of Venus）。广场作为庙宇的前院，中间立着恺撒的镀金骑马青铜像。广场保留着许多公共性质的场所，两侧有柱廊，廊后有一座罗马最早的公共图书馆。恺撒广场是第一个封闭的、轴线对称的、以庙宇为主体的新形制广场。

进入帝国时期，广场的性质发生了显著的变化，皇帝利用新建广场来展示自己的威严与地位。广场成为统治者歌功颂德的工具，注重纪念意义与政治意义。恺撒的继承人盖乌斯·屋大维·奥古斯都击败共和派，成为罗马帝国的第一位皇帝。他在恺撒广场旁边建立了奥古斯都广场（Forum of Augustus），

此广场平面呈封闭矩形，长 120m，宽 83m，有严整的轴线。主体建筑战神殿位于高台之上，居中而立。除轴线端头的庙宇和两侧半圆形的柱廊式讲堂外，广场上无任何其他公共建筑。周边高 36m、厚 1.8m 的围墙将广场和城市完全隔绝开，整个广场格局封闭，气氛压抑。从恺撒广场到奥古斯都广场，庙宇的地位逐渐提升，起到控制整个广场的作用。但这时的庙宇从显示政治制度到只是展现对皇帝个人的崇拜，已经有了性质的转变——公民的权力逐渐让位于帝王的威严，公民的公共性活动被彻底排除于广场了。

帝制真正建成以后最强权的皇帝之一，真正统一罗马全境的图拉真，几乎将皇帝崇拜宗教化了。他在奥古斯都广场旁边建造了罗马最大的广场——图拉真广场（Forum of Trajan）。广场的形制参照东方君主国建筑，不仅轴线对称，而且做多层纵深布局。在将近 300m 的深度里，布置了几进建筑物。室内、室外的空间交替；空间的纵横、大小、开阔、明暗交替；雕塑和建筑物交替。这一系列的交替酝酿了建筑艺术高潮的到来，而建筑艺术的高潮，也就是皇帝崇拜的高潮。这种做法，几乎把对皇帝的个人崇拜发挥到了极致。严整的轴线、高大的凯旋门、多变的空间形态，使人在行进过程中对皇帝的崇拜心理走向高潮。

图拉真广场正门是三跨的凯旋门，如图 2-7 所示。进门是长 120m、宽 90m 的广场，两侧柱廊在中央各有一个直径 45m 的半圆厅，形成广场的横轴线。在纵横轴线的交点上，立着图拉真的镀金骑马青铜像。广场底部是古罗马最大的巴西利卡，其两端有半圆形的龛，强调自身轴线与广场的垂直关系。巴西利卡之后是 24m×16m 的小院子，中央立

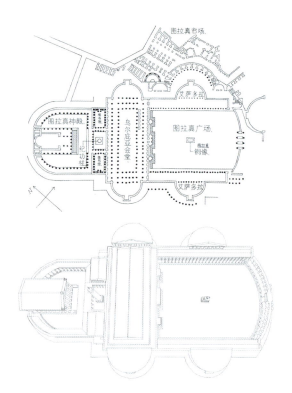

图 2-7　图拉真广场复原图　刘博伦 抄绘

图 2-8　图拉真纪功柱遗址

着包括基座在内总高 35.27m 的纪功柱，如图 2-8 所示。柱身分为 18 段，内部中空，由白色大理石砌成，上面有全长 200 多米的动感十足的浮雕带，渐上渐窄，绕柱 23 匝，刻着图拉真两次远征的事迹。柱头上立着图拉真的全身像（1588 年换为圣彼得像）。由于院子小、柱子高，因此院子和柱子的尺度对比异常强烈。巨大的柱子从小小的院落中凸显，使人对皇帝的崇拜之情油然而生。这种处理手法使图拉真纪功柱成为古典文化时期最华丽雄伟的纪念柱，后世很多帝王都对其进行仿建，欧洲从此流行以单根的柱子作纪念柱。与这个小院子相连的是一个围廊式的大院，中央是供奉图拉真的高台基的庙宇，十分豪华，是整个广场的艺术高潮所在。

从罗曼努姆广场到图拉真广场，形制的演变清晰地反映了从共和制过渡到帝制，皇权加强直至神化的过程，在帝王们有意识的规划下，古罗马在相对较短的时间内建立起庞大的广场群。广场由方形、直线形、半圆形的空间组成，每个空间都由柱廊连接，柱廊是封闭与开敞空间的过渡，也丰富了广场边界的视觉效果。广场群采用几何线水平、垂直相交的空间布局形式，一个广场与另一个广场垂直，呈多层纵深布局，形成规整而又严格的轴线关系。广场中的每座建筑的中轴线都与上一座建筑垂直，形成一个统一全局的交叉轴线的体系，由此创造出整体的动态效果。皇帝的雕像位于广场的主要位置，广场成为树碑立传、歌功颂德、神话皇帝的场所。广场形式逐渐由开敞转为封闭，由自由转为严整，功能由公共活动转为皇帝专用。广场平时由士兵把守，人们无法进入，只有在纪念日组织庆典活动时才向元老院、将军、士兵开放，它已经失去了城市广场的特征。

古罗马广场在形成与发展过程中深受古希腊广场的影响，其构成的三元素柱廊、神殿、会堂都来源于古希腊文化。不过，古罗马广场所扮演的都市中心的角色相当程度上是属于宗教与精神层面的，相当于古希腊卫城和广场的结合体。古罗马的"Forum"的格局与秩序更加严谨，具有比古希腊的"Agora"更强烈的纪念性与仪式感。

由于广场扮演了祭神及市政运作中枢的角色，罗马帝国各城市都在其城市空间中给予了广场重要的位置。西罗马帝国灭亡后，这些广场就成为中世纪城市广场的蓝本，并深刻影响了文艺复兴时代的广场建设。

2.1.4 中世纪时期集市广场

"中世纪"（The Middle Ages）一词是15世纪后期人文主义者率先提出的，它不仅包括一个极为广阔的地理区域，而且包括一个巨大的时间跨度，即在西欧历史上从5世纪西罗马帝国灭亡，到14世纪文艺复兴时代开始的这段时期。中世纪的欧洲，王权分裂，地方割据，战火四起，经济、文化倒退。以防御为主要功能的城市规模都比较小，很多城市都继承了古罗马的城市格局。中世纪的城市广场通常蜕变自古罗马的"Forum"，是当时城市空间的核心，有机地统一城市的构图，它们是随着城市的发展而发展的。刘易斯·芒福德在《城市发展史》中提到："后世意大利城镇的广场、中心广场和有拱廊的街道，都是古罗马规划的直接产物"，许多意大利的城市依然保持着古罗马南北大街的格局。虽然中世纪的广场在功能和形式上都与古罗马广场不同，现今也缺乏足够的资料来勾勒由古罗马到中世纪城市广场的演变细节，但仍能感觉到它们一脉相承，拥有丰富的历史蜕变的痕迹。如古罗马城市的十字大街发展到中世纪，将十字街交叉点扩大为矩形的广场，用作交易的集市，或作为市政与宗教活动的中心，同时也是举行节庆活动的场所。

中世纪城市广场大致可分为教堂前的广场、市政厅前的广场和集市广场。有的城市三者比邻或以双广场的方式组合而建，以建筑、券门、喷泉或地坪等作区分，使广场既有分合又有主次、强弱。大多数城市3个广场之间没有整体的设计，只是偶然组合。因此，许多城市形成了由大教堂广场形成的宗教中心，由市政广场形成的市政中心，以及由拱廊和行会会所形成的商业中心共同构成的多中心格局。

中世纪的欧洲有统一而强大的教权，信徒极其虔诚，教会往往成为土地的最大拥有者，甚至城市的拥有者。城市建设往往以教堂为中心，教堂通常占据城市的中心位置，教堂庞大的体积和超出一切的高度，控制着城市的整体布局。教堂广场承载各种宗教仪式、活动，是城市的中心场所，也是市民从事各种文娱活动的中心场所。在意大利大多数的城市中，主教堂、洗礼堂、钟塔三者分离布置形成教堂广场，并以广场为中心形成道路，向城市四周辐射。中世纪中心广场周边典型的道路系统，如图2-9所示。在西欧地区则是另外一种形制——教堂、洗礼堂和钟塔三者合一形成集中式的建筑群，而在教堂正面入口那一侧形成广场。

市政广场是中世纪市政活动的中心，主要是围绕市政厅、执政官府邸设立的广场，实际上很多市政广场是由商品交易的广场发展而来的。市政厅有时也会充当市场大厅，它最初是市场上的独立建筑，通常为上、下两层，

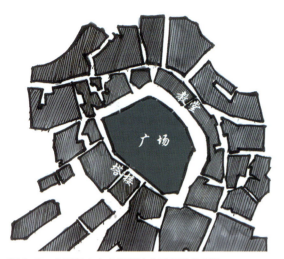

图 2-9 中世纪中心广场周边典型的道路系统
道路一般以广场为中心向周边辐射，形成蛛网式的放射环状道路系统。城市干道一般不允许穿越中心广场，而是布置在广场一边或面对广场的建筑物背后，以确保广场的完整性。

底层是商店或商场，上层有一间大会议厅，面向广场设置一个阳台，作为市民集会时的主席台。市政广场多用于社会活动、政治活动和文化活动，如执行法律、接待使节、举办节日庆典和各类比赛等。

集市广场（或称市场广场）是市民进行消费和商贸活动而自发形成的交易场所，一般是街道或十字交叉路口的扩展，遍布各地。为追求商业利益的最大化，住宅底层的商铺和作坊排列紧密并且面向广场，导致广场封闭而不规则，这也使中世纪广场形成了具有丰富表现的立面。

这时期的广场没有统一规划，大多因城市生活的需要而自发形成，平面多不规则，多以建筑围合，采取封闭式构图，一般具有良好的视觉效果。道路常以教堂广场为中心放射出去，形成蛛网式的放射环状道路系统。大多数的入口景观由塔控制，广场中布置纪念物。正如扬·盖尔所说："中世纪城市由于发展缓慢，可以不断调节并使物质环境适应城市的功能，城市空间至今仍能为户外生活提供极好的条件，这些城市和城市空间具有后来的城市中罕见的内在质量，不仅街道和广场的布局考虑到了活动的人流和户外生活，而且城市的建设者们具有非凡的洞察力，有意识地为这种物质创造了条件。"中世纪后期，意大利的广场出现了两种新的构成形式。一种是对原有教堂广场进行扩建，增加了新的功能，由宗教建筑和公共建筑共同构成广场的平面布局；另一种则是彻底脱离旧的广场，另选新址建造新的城市广场，其平面完全由公共建筑和住宅构成。如图 2-10～图 2-12 所示的锡耶纳的坎波广场（Piazza del Campo），是由 9 个三角形铺装组合成的贝壳形广场。它不与城市主要道路相接，而是以建筑物相隔。塔楼是整个坎波广场乃至锡耶纳的制高点，建造原因是市议会希望看到一个超越贵族宫殿乃至教堂的建

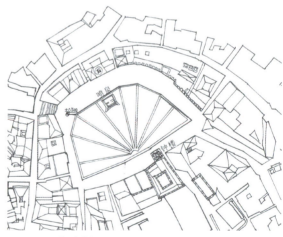

图 2-10 坎波广场 1
坎波广场位于锡耶纳的最低点，前身是锡耶纳早期的集市广场，后改建为市政广场。它是城市的中心，斗牛、每年两次的派里奥戏剧表演、赤背赛马节等都在此地进行。它位于 3 条大道的交叉点，构成 "Y" 字形的城市布局。广场完全由公共建筑和住宅主导，形成一种与传统的中世纪教堂广场完全不同的新形式。住宅和商铺面向广场而建，布局紧密，形成了封闭而连续的建筑立面。这就是 17—18 世纪市政广场主流的形制。

第 2 章 中西方广场的演变历史 / 019

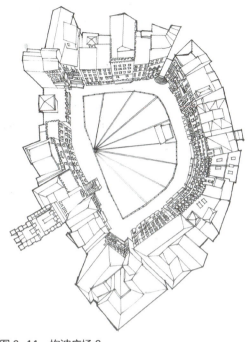

图 2-11 坎波广场 2
广场是扇形的斜坡,西南低,东北高。红砖铺地,利用白色石块砌成带状色带,把广场分为 9 个三角形,象征当时锡耶纳的掌权者"九个理事会"的至高权威;也象征了保护圣母玛利亚的斗篷。图案中心与盖亚喷泉形成一条与市政厅错位的轴线,突出了广场的不对称性。

图 2-12 坎波广场 3
周边建筑有锡耶纳市政厅、曼吉亚钟楼、普布利科宫殿等,在形式(檐高、层高、层数、开窗等)和色彩上虽然有所不同,但是也达成了协调的整体效果。广场上有很多咖啡馆,室外设计了成排的遮阳棚,人们可以惬意、悠闲地边喝咖啡边聊天;也可以席地而坐,边晒太阳边欣赏广场上优美的风景和各色来往的人群。

筑,这座高 102m 的塔楼被命名为曼吉亚钟楼,是意大利中世纪最高的塔楼(现在是锡耶纳最高的建筑,意大利第二高的塔楼),

也是民主精神的象征。广场周边是 5~6 层的建筑物,高度基本一致,衬托出市政厅的宏伟。周边的建筑物有着相似的材质、肌理和色彩,立面连续而封闭。广场的地面以放射状图纹进行了装饰,放射中心位于广场西南角,与西南边界的中心重合。弧形地面顶部有一个古老的喷泉——盖亚喷泉(也称大地女神喷泉,Fonte Gaia)。广场基面有明显的落差,西南低,东北高,从地形上强化着图案中心与盖亚喷泉形成的轴线,这条轴线与市政厅错位,削弱了广场空间的对称性。这种看似不严密但总体均衡的几何关系是中世纪城市空间设计的典型特征。

2.1.5 文艺复兴与巴洛克时期城市广场

文艺复兴运动(Renaissance)是指 14 世纪从意大利开始的,15 世纪以后遍及西欧资产阶级思想文化领域的,反封建、反宗教神学的运动。它不仅是古希腊、古罗马文艺的再生,而且是促进欧洲社会经济基础转变,促使欧洲从中世纪封建社会向近代资本主义社会转变的一场伟大的思想解放运动。在精神文化、自然科学、政治经济等方面都具有重大、深远的意义。

14—15 世纪,意大利先进知识分子在吸收了古典文化中面向现实人生、独立自由的民主思想后,深刻地认识到教会统治的黑暗、神学信徒的愚昧,于是开展了人文主义思想运动,推崇古希腊、古罗马的文化艺术,批判天主教神学,将自然科学、文化、艺术等领域都恢复到其最为繁荣时期的样子。文艺复兴是欧洲历史的转折点。这一时期,思想文化领域全面繁荣,人们一面向古典文化学习,一面充分利用当时科学技术的最新成就,建造了许多至今依然闪耀光芒的伟大建筑和城市广场。文艺复兴时期广场的占地面积普遍比以往要大，追求雄伟壮观的艺术效果，强调视觉秩序。文艺复兴早期的广场继承了中世纪传统，布置比较自由，空间多是封闭式的，雕塑多在广场的一侧。文艺复兴中期与后期的广场布局规整，常采用柱廊环绕的围合形式，空间较开敞，雕像往往设置在广场中央。城市空间的规划强调自由的曲线形，塑造一种具有动态感的连续空间。广场作为城市设计的要素之一，设计中普遍运用美学原则、透视原理和比例法则，通过轴线和透视规律来强化空间秩序，强化空间的形式美感，具有一定的理性色彩。设计师充分考虑了广场的设计和细部处理问题，例如，在广场的宽度与长度比例上，认为长边不应太长，否则远端的檐口线会低于视野；雕像应布置在高处，以便使人看到高出檐口线的以天空为背景的雕像轮廓；广场呈系列布置时，用狭窄的通道、柱廊、拱券等来连通空间。广场有圆形、椭圆形等不同的平面形式，或者是不同平面形式的组合。

卡比托利欧广场（即罗马市政广场），是米开朗琪罗的重要作品之一，也是文艺复兴时期较早的轴线对称广场。广场位于罗马行政中心的卡比托利欧山上，广场背后则是罗曼努姆广场遗址。如图 2-13～图 2-15 所示，正对广场的建筑物是元老院（现今为罗马市政厅的一部分）。米开朗琪罗校正了偏北的钟塔，规整了面向广场的立面，增设了底座中心的台阶和喷泉，强调了中心轴线。广场的右侧是档案馆（Palazzo dei Conservatori，今为雕刻馆），二者不互相垂直，夹角小于90°，在改造时，主要是将面向广场的底层房间掏空，做成通高的开敞回廊。广场的左

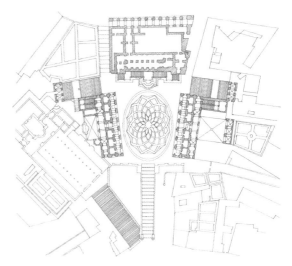

图 2-13　卡比托利欧广场平面

广场的平面呈梯形，深 79m，前面宽 40m，后面宽 60m，面积约 4000m²。梯形比较短的底边完全敞开，对着山下大片的绿地。一道大台阶笔直地连通广场，梯形的台阶在山下的一端窄而在山上的一端宽，这种逆透视的设计手法可以使拾级而上的人产生上山的道路比实际的道路短的感觉，冲淡疲惫感。

图 2-14　卡比托利欧广场的大台阶

元老院前面的大台阶下设计了一个大水池，一对尼罗河神和泰伯河神的雕像坐落在水池上。广场地面铺砌了椭圆形的图案，骑马铜像立在图案的正中。水池与骑马铜像形成一条轴线，强调了广场轴线对称的布局形式。广场入口处有 3 对雕塑，可以使广场看起来更宽大。

侧是新宫（Palazzo Nuovo，博物馆）——按照米开朗琪罗的设计，一直到 17 世纪才完全建成，与市政厅呈对称布局，在正立面的设计上也完全对称，保持了整体形象的一致性。它们的立面都不高大，但雄健有力。广

第 2 章 中西方广场的演变历史

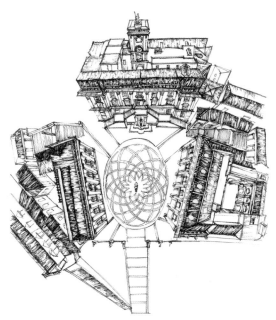

图 2-15 卡比托利欧广场
元老院高 27m，两侧的档案馆与博物馆高 20m，高差不大。为了突出元老院，它的底层被做成基座层，前面设计一对大台阶，上两层用巨柱式，二、三层之间不作水平划分；两侧的建筑立在平地，一、二层之间用阳台作明显的水平划分。这种设计手法使元老院显得比实际更高一些。

场正中为罗马皇帝马库斯·奥雷利乌斯·安东尼努斯的骑马铜像，被放置在椭圆的圆心点上，成为整个构图的中心（被称为 "Captu Mundi"——意为 "世界中心"），而铜像下方是白色大理石做的十二角星图案（象征十二星座），更加突出了这个几何图形中心的控制作用。白色线条从中心点发散开来，形成 12 个花瓣状的抽象图案，延伸到椭圆的圆边上，"花瓣" 间相互交叠，形成交织的弧线网格，被地面的椭圆几何图形统一于建筑群的构图中。广场前沿栏杆设置 3 对古罗马时期的雕像，作为中央入口，越靠近中央的雕像越高大、复杂，使广场整体构图更集中，轴线突出，形成富有层次的景观。

由于米开朗琪罗在设计中抛弃了平行原则和传统的透视方法——市政广场由 3 座宫殿建筑三面围合而成，形成一个颠倒的透视梯形，开敞的短边面向西北方向。这个独特的梯形平面，在不同视点上产生了不同的空间效果。由大台阶进入广场时，视线从最短边向纵深方向展开，被对面建筑阻挡，而两侧略微向外张开的建筑使空间在视觉上更加膨胀，正好削弱了三边都是建筑的封闭感，令广场显得比实际上更开阔；反过来，从广场东侧的喷泉望向中央的骑马铜像时，由于视线是朝向西北侧的开敞边，而广场又处于超出整个城市平均高度的山丘上，此时的底景为城市街道，近景、中景为远近不同的雕像，于是空间上向城市远方延伸的效果非常强烈。

威尼斯的圣马可广场被公认为文艺复兴时代的杰作，被拿破仑誉为 "欧洲最美的客厅"。它始建于 10 世纪初，到了 16 世纪初即文艺复兴后期才改建完成，既保留了优秀历史遗产，又进行了新的创造，同时，不同空间的互迭和视觉上相似性、对比性的运用，使整体环境达到了和谐统一的艺术高峰。广场南濒亚得里亚海，是由一大一小两个梯形平面空间组成的复合广场，如图 2-16 ～图 2-18 所示。主广场的东端是拜占庭式的圣马可主教堂，北侧是旧市政大厦，南侧是新市政大厦，西侧是连接新旧市政大厦的拿破仑翼大楼，三侧建筑均只有两到三层，尺度亲切宜人，并且建筑与广场的交接处采用了券廊的形式，使室内外空间相互渗透。主广场在教堂的正面，规则而封闭，长 175m，东侧宽 90m，西侧宽 56m，面积 1.28 公顷，是城市的宗教、行政和商业中心。这种梯形平面的设计，当观赏者位于东侧时可以拉大广场的景深，增强透视感；当观赏者位于西侧时则可以减弱透视感，减弱与教堂的距离感，展现精致的建筑立面。次广场在教堂的南面，

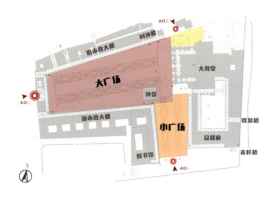

图 2-16 圣马可广场平面图 孙志远 绘
斜对着主教堂的是方形高塔，圣马可广场的制高点就在大小广场相交的地方，是威尼斯城的标志。

与主广场之间以钟塔作为空间上的过渡。小广场的南面临海，以一对圣人柱作为广场的边界标志，北侧是圣马可大教堂，东侧和西侧分别是图书馆和总督府，是城市的海外贸易中心，也是市民游憩、集会的场所。广场周围的建筑建于不同年代，风格各异，但十分协调。广场中除了主体建筑——教堂、钟塔以外，背景建筑群体所构成的空间主要限定面的形体特征平整，没有过多起伏，在色彩上均以浅色为基调，砖和石材在肌理上也保持了充分的联系。此外，广场四周围绕着400多米的券廊，它们长长地舒展开来，都作水平划分，使广场和谐完整。小广场上的总督府与图书馆的建筑底层的券廊立面在相近的高度被水平分割成两层，由于柱廊的运用，均产生了一种"虚"的通透效果。虽然二者柱廊立柱的处理手法不同，但柱廊的比例是一致的。这些都使得广场内部的景观得以协调统一。广场的焦点是位于整个广场的空间中心也是空间转折处的钟塔。塔高99m，不仅是圣马可广场的标志物，也是全城的制高点，有很强的向心吸引力，对整个广场起着控制作用。

图 2-17 圣马可广场的视点分析 孙志远 绘
大小梯形广场的宽边都在圣马可主教堂一侧，这样的布局可以增强梯形广场的透视关系，有加强景深的效果。相反，站在广场的窄边，可以减弱与教堂的距离感。

图 2-18 圣马可广场的塔楼与尺度宜人的建筑
小广场入口处有两根从君士坦丁搬来的柱子，高达17m。东边的柱子上面立着一尊代表使徒圣马可的带翅膀的狮子；西边的柱子上面立着一尊共和国保护者的像。

文艺复兴运动在 17 世纪以后逐渐转为推崇巴洛克风格。当艺术家们把形式主义发展到极致的时候，便进入艺术的巴洛克（Baroque）时代。巴洛克建筑风格不同于简洁明快、追求整体美的古典主义建筑风格，更追求烦琐的细部装饰，喜欢运用曲线来加强立面效果，爱好将雕塑或浮雕作为建筑物华丽的装饰。受巴洛克风格的影响，广场在艺术形式上产生了许多新变化，主要特征是反对僵化形式，追求自由奔放的格调，直至出现一种追新求异、表现手法夸张的倾向。巴洛克风格从形式上看是文艺复兴的支流与变形，其特点是风格自由、造型繁复，偏重富丽的装饰、强烈的色彩，常采用穿插的曲面和椭圆形空间。城市规划上，广场空间最大限度地与城市道路系统连接成一个整体，并使城市呈现更加活泼的动态格局，强调空间的连续性、广场及其建筑要素的动态视觉美感。广场中央一般设置方尖碑或雕塑、喷泉，这些要素统一了空间秩序并成为广场布局的核心。

巴洛克时期的广场多作为核心建筑的展示厅而存在，是一种单纯的烘托主题的方式，广场的尺度也越来越大。这一时期的代表性建筑是圣彼得广场，它是圣彼得大教堂的前广场。主广场由乔凡尼·洛伦佐·贝尼尼设计，如图 2-19 ～图 2-23 所示，圣彼得广场由 3 个相互连接的单元构成：教堂正面的梯形列塔广场，中间椭圆形的主广场博利卡，以及最远端的梯形广场鲁斯蒂库奇。梯形广场既减弱了空间的纵深感，又延长了观赏的距离，巴西利卡将不再遮挡教堂穹顶，人们在广场上就能欣赏教堂优美的主立面。横向椭圆形的主广场，长 198m，面积约 3.5 公顷。广场中心竖立着一个埃及方尖碑，其基座高 11m，碑体高 23m（一说 25.5m），重 327 吨。广场的长轴上，方尖碑的两侧各有一个喷泉，外

图 2-19　圣彼得大教堂及圣彼得广场

圣彼得大教堂位于梵蒂冈，梵蒂冈在意大利首都罗马西北角的高地上，位于台伯河的西岸。主体教堂长 211m，宽 137m，高 45.4m。圣彼得大教堂前广场，由世界著名建筑大师乔凡尼·洛伦佐·贝尼尼亲自监督建设。整个广场由两个梯形小广场和一个椭圆形主广场串联组合而成。两个梯形广场的宽边都朝向教堂，邻近教堂的梯形广场面向教堂逐渐升高，当教皇在教堂前为信徒们祝福时，全场都能看到他。

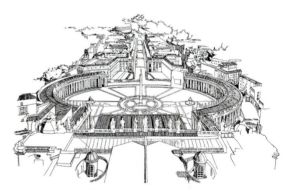

图 2-20　圣彼得广场的鸟瞰图

圣彼得广场是罗马最大的广场，展现出巴洛克风格，可容纳 50 万人集会，是罗马教廷用来举办大型宗教活动的地方。站在环形观景台上可以俯瞰广场。主广场是一个完美的椭圆形，长 198m，两边由宏伟的马蹄形柱廊环抱。

图 2-21　圣彼得广场上的喷泉　李科 摄

两座喷泉对称布置在方尖碑的两侧，强调了椭圆形的长轴线。喷泉高 14m，造型精致，泉水从中间向上喷射，下分两层，上层呈蘑菇状，水柱落下，在四周形成水帘；下层呈钵状，承接泉水。

图 2-22　圣彼得广场上的方尖碑　李科 摄

古罗马时期从埃及运来的方尖碑原来设置在旧圣彼得教堂的后面，于1586年新教堂即将完工时移至现在的位置。大师乔凡尼·洛伦佐·贝尼尼是以方尖碑为中心进行柱廊广场设计的。

图 2-23　乔凡尼·洛伦佐·贝尼尼设计的柱廊

柱廊包含4排塔斯干式柱子，柱间距很小，内圈的柱子间距4.27m，外圈的柱子间距5.03m。柱式和柱廊具有良好的比例关系，使柱子和空隙形成完美的虚实对比关系。檐头上的圣徒像、花栏杆，使建筑物的轮廓与天空虚实交错，形成华丽的过渡。

侧由柱廊包围。柱廊包含4排粗重的塔斯干式柱子，一共284根，檐头上立着87尊圣徒像。柱子排列密集，能制造强烈的光影变化。博利卡广场上有白色高圆盘标志，站在此处向柱廊望去，会感觉原来四排交错排列的柱廊变成了一排，这就是乔凡尼·洛伦佐·贝尼尼大师精心设计的透视效果，整个广场是一种视觉艺术和整体艺术。

2.1.6　古典主义时期城市广场

17—18世纪，法国形成并盛行了从古希腊、古罗马文化里面汲取艺术形式和题材的古典主义。这个时期是君主专制的全盛时期，城市建设强调规范与秩序，强调轴线对称和主从关系，采用规则的几何图形，突出中心，多以纪念性建筑和广场作为城市地标，以颂扬君主为主题，将绿化、喷泉、雕像、建筑小品和周围建筑组成一个协调的整体。从当时的广场形象来看，封闭、规则的几何形，宏大的尺度，统一的房屋界面，强烈的轴线，无不展现着规范化的特征，明确体现有秩序、有组织、永恒的王权至上理念。随着君主权力的扩张，城市广场已经不再服务于市民的社会活动，而是追求气势宏伟，彰显功绩，逐渐演变成帝王展示其权力的场所。以空间形态表达权力是古典主义时期城市建设的主要特征。

古典主义时期巴黎最宏大的城市空间非协和广场莫属，如图2-24、图2-25所示。此广场18世纪由国王路易十五下令营建并取名为"路易十五广场"。大革命时期，它被称为"革命广场"，1795年改称"协和广场"，1840年重新整修，形成了如今的规模。协和广场的东、南、西三面无建筑物，向树林、花园和塞纳河完全敞开，仅以围合能力很弱

图 2-24　不同时期的协和广场

广场位于塞纳河北岸、杜伊勒里宫的西面，它的横轴与香榭丽舍大道重合。广场长360m，宽210m，面积约8.4公顷。三面开敞，只有壕沟和沟边的栏杆标出广场的边界。

图 2-25　协和广场上的方尖碑与喷泉

方尖碑高 23m，重 230 吨，有 3400 多年的历史，1831 年由埃及总督赠送给法国。方尖碑由整块的粉红色花岗岩雕刻而成，上面刻满了埃及象形文字，用来赞颂埃及法老的丰功伟绩。

图 2-26　旺多姆广场

旺多姆广场是一座充满纪念色彩的封闭形广场，广场四周的建筑均为 3 层，上面两层是住宅，底层是券廊结构，内设店铺。这种设计方法起源于 17 世纪，后成为商业广场和街道的经典形式。

的绿化带作为边界。广场的平面为长方形，略微抹去 4 个角。在广场四周的 8 个角上有 8 座雕像，代表着法国 8 个主要城市。矩形广场的中央位置，正好是两条主轴线的交叉点：东西方向的轴线从卢浮宫经过其花园进入香榭丽舍大街，南北方向的轴线从玛德莲教堂经过皇家大道通向塞纳河。广场的空间还引入了不同的建筑元素：广场的东面边界设置了多级台阶和栏杆，北面以现今作为海军部和旅馆的建筑限定广场，环绕广场的是一条深 5m 的水沟，6 座桥架在沟上成为广场的出入口。直到 1854 年，环绕的水沟被填平，广场进一步扩大，此后人们不断在广场增设装饰，埃及方尖碑代替了原本中央位置的国王雕像，在南北轴线和两条斜轴线的交点分别设置了两个喷泉。喷泉池有 3 层，广场的北边是河神喷泉，南边是海神喷泉，仿照圣彼得广场的喷泉而建。

旺多姆广场（Place Vendome）是巴黎著名的广场，呈切角长方形，长 224m，宽 213m，如图 2-26 所示。整个广场风格简朴、庄重，体现出严谨、简洁的古典主义特征。纵横轴线的交点立着 44m 高的青铜柱，是模仿古罗马图拉真纪功柱所建。柱子顶端立有拿破仑雕像，柱身环绕着一圈铜铸的浮雕，是由战争中缴获的 1250 门大炮熔炼后所制。

2.1.7　近现代西方城市广场

城市文明进入现代社会有两个重要的前提：法国大革命对于平等与自由理想的启蒙；工业革命带来的科学技术的进步及生活空间的分离。工业化虽然提高了生产力及物质生活水平，但也导致城市环境急剧恶化。工业发展带来的污染及人口膨胀，机动车辆带来的城市拥堵等问题不断浮现。自文艺复兴以来，城市规模扩大，平民化思想出现，城市出现了分中心，传统的以一个集市广场为核心的城市结构不复存在，文艺复兴开创的多元和多中心空间体系成为近现代城市的发展模式。与此同时，传统城市广场的政治色彩逐渐失去意义，空间的格局也随之产生变化，个性化、艺术性及人文关怀得到重视。新兴的城市广场中，自由、开放的空间取代了封闭、严整的空间，绿化、水体及休闲设施取代了帝王雕像和纪念碑。空间的意味性日趋减弱，广场的规模日渐减小，但广场的数量不断增多。现代城市广场设计更重视综合运用城市规划、生态学、建筑学、环境心理学、行为心理学等方面的知识，追求功能的复合化、布局的系统化、绿化的生态化、空间的立体化、环境的协调化、内容与形式的个性化、理念的人性化。可以说城市广场已经成为现代市民生活的一部分，是一个城市的重要标志。

18世纪下半叶，工业革命之后，机器大工业生产代替了手工业生产，促进了人口向城市的集中和大城市的兴起。同时也带来了负面影响，如建筑高度密集，城市建设趋向无序，汽车抢占广场空间，绿地减少，居住条件恶化，等等。城市广场的发展也经历了一段漫长的低潮期。欧洲国家曾在城市建设上进行一系列的探索，因深受绝对君权时期古典主义手法的影响，追求宏伟、气派的城市景观效果，没有满足工业化发展对城市提出的新要求，改建往往无法获得令人满意的效果。现代主义运动深刻影响了城市规划建设，设计师对《雅典宪章》精神的盲目崇拜、生搬硬套，使得广场丧失最初作为市民活动场所的起源意义，变成无人性的空间，其对人的关怀和对城市生活的积极意义未能体现。

然而值得庆幸的是，在城市设计师们的讨论中，现代城市广场重获新生。随着民主政体的稳定，以及市民对政治关心程度的普遍下降，传统城市广场逐渐失去其政治意义。欧洲国家在充分考虑现代人的需求和活动的基础上，建设了大量的城市休闲广场，为市民不断提高的日常休闲需求提供活动场所。广场的规模日趋减小，数量却不断增多，它们丧失了在城市空间结构中的主宰地位，但变得更具个性化、艺术性、人情化，且更具场所感。

卢浮宫广场由贝聿铭设计，其中心的玻璃金字塔准确地坐落在巴黎城市空间的轴线上，也坐落在3个相连的中庭的重心上，这样既突出了它的中心地位，又没有掩盖卢浮宫的庄重和威严。这座玻璃金字塔是卢浮宫正式入口的标志物，它被法国人誉为"卢浮宫庭院中的一颗宝石"。在这座大金字塔的南、北、东三面，还建有3座5m高的小金字塔作为点缀，与7个三角形喷水池共同组成美妙景观，如图2-27～图2-29所示。

贝聿铭还设计了2公顷的地下空间，其中包括储藏空间、运送艺术品的电车路线、宽敞的视听室与会议室、对游客开放的书店和咖啡厅。运用玻璃材料，不仅可以减少金字塔的表面积，倒映出巴黎变幻莫测的天空，并且可以为地下空间提供良好的采光。这一设计创造性地解决了将古老宫殿建筑改造成现代博物馆的一系列难题，也最大限度地保留

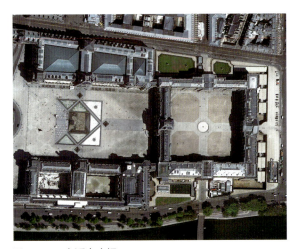

图2-27 卢浮宫广场
位于巴黎卢浮宫的主庭院拿破仑庭院，中心是一个用玻璃和金属建造的巨大金字塔，周围环绕着3座较小的金字塔。由"最后一位现代主义建筑大师"美籍华人贝聿铭设计，于1989年建成。

第 2 章 中西方广场的演变历史 / 027

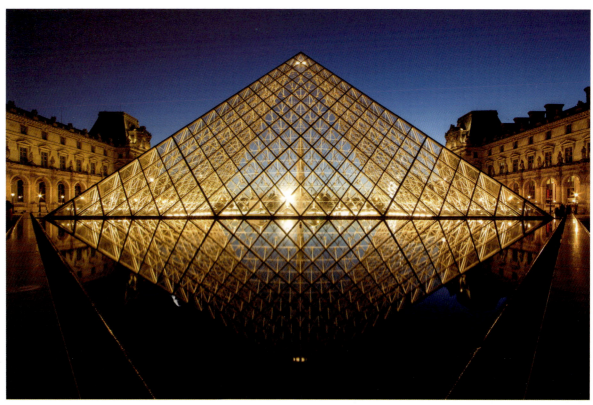

图 2-28 卢浮宫广场上的玻璃金字塔
贝聿铭设计的玻璃金字塔，高 21m，底宽 34m。它的 4 个三角形的侧立面，由 673 块菱形玻璃拼接而成。玻璃金字塔总占地面积达 1000m²。塔身总重 200 吨，玻璃净重 105 吨，而金属支架仅重 95 吨。

了古老的卢浮宫建筑群在视觉上的一致性。站在金字塔的内部，透过钢管玻璃结构仰望天空，能清晰地领略卢浮宫巴洛克式建筑的风采。贝聿铭设计的玻璃金字塔不仅是现代风格的杰作，而且是运用现代科技的创举。

图 2-29 玻璃金字塔内部　李科 摄
贝聿铭设计的玻璃金字塔为卢浮宫提供了照明充足的展示空间。游客从主入口进入空间后，站在透明的金字塔下，可以仰望卢浮宫巴洛克式建筑的精美细节，欣赏巴黎多变的城市天空。

2.2 中国城市广场的发展过程

城市广场一直是西方文化中最重要的社交性外部空间形态，中国到20世纪才开始把"城市广场"作为研究对象。到20世纪90年代，随着全国"广场热"的兴起，学术界也开始了对广场建设的广泛探讨。中国古代是否有城市广场一直存在争议，很多学者认为中国传统城市空间注重内向式庭院（廊院）空间和街道，而西方传统城市空间则突出广场这一外向式空间形态。城市广场的本质是供公众休憩、交往的媒介空间。仅从这点看，中国古代具有这种空间性质的广场。但中西方文化、政治背景的不同，导致中西方广场发展不平衡，并使中国古代城市广场呈隐性发展状态。

从古典文献和考古发掘的资料中，可以找到中国广场发展的相关痕迹。

2.2.1 原始的广场

中国原始的广场可追溯到原始社会城市萌芽期，是自下而上、自发形成的。考古人员在陕西姜寨遗址发现了距今六七千年的仰韶文化初期的母系氏族聚落，如图2-30所示，居住区中心是约4000m² 的广场，房屋建于广场四周，屋门都朝向中心的广场。广场四周有5个建筑群，各以一座方形大房屋为中心。这种露天的公共空间，应是先民出于需要而有意识地用建筑围合而成的，它的格局表明了它在当时社会生活中的中心地位，它是全体成员的公共活动空间。先民在此举行祭祀（包括表达对自然原始崇拜的舞蹈）、祈祷、部族集会等公共活动，由此产生了最初的广场文化。这种位于人类原始聚落中的形

图2-30 陕西姜寨复原图 高嘉崎 绘
母系氏族村落布局清晰，居住区的中心是一个不规则的广场，有5座方形大屋坐落在四周，每座大屋附近分布着十几至二十几座中小型房屋。以广场为中心的布局模式，更好地诠释了广场的公共性、可达性。先民在广场上举行各种活动，如祭祀、讨论部族事务、跳舞等。

式简单的中央空地，就是当今广场的雏形。以一中心广场组成整个部落的核心是部落精神的内聚，体现了氏族社会生产、生活的集体性及氏族成员之间的平等性。集体活动的场地要便于全体成员到达，这个实用性的要求促成了广场的环形布局形式，从而满足了部落内部成员防卫、生产和集会的需求。这种内向式的"聚落广场"形态在同一时期的其他聚居部落中也存在，如陕西半坡遗址。部落联盟首领所处的部落是当时规模较大的中心聚落。直到形成国家形态，这种中心聚落才变成真正意义上的都城。而原始广场的宗教、集会功能就成为后世城市广场发展的起点。

2.2.2 坛庙广场

坛，黄帝封土为坛，祭祀天地鬼神。其中，祭祀天帝的天坛、祭祀土地的社坛最为重要。早期还用于会盟、誓师、拜相等仪式，逐渐演化为君主专用的祭祀建筑。

庙，最早是供奉祭祀祖宗神主的建筑，包括太庙（帝王的宗庙）、先贤祠（奉祀历代贤哲的庙宇，如孔庙）、城隍庙（供奉本地域的守护神）、宗族的祠堂等。夏、商、周三代，宗庙也是皇帝处理政务的朝堂。以"祖先崇拜"为核心的宗教意识对国人的影响久远而深刻，因此中国古代常举全国（族）之力建设坛、庙，坛、庙更是同时代技术与艺术的精粹。雄伟的殿堂面南背北而立，两侧是廊房，堂前有平坦宽阔的庭院，南面是宽敞的大门。坛庙广场，是中国正宗的宗教活动场所。

坛庙广场经过长期的演化，在夏代已经基本成熟。考古人员发现，河南二里头遗址（夏商王朝）的一号宫殿前有约 5000m² 的宽阔庭院，这个巨大的庭院是至今发现的中国最早的城市广场，也是中国发展了数千年的庭院式广场的雏形，如图 2-31 所示。遗址中，宗庙及其广场占据城市的核心位置，也代表了中国传统的礼教制度。这一时期的广场不仅是举办宫廷礼仪活动、政治活动的场所，也是祭祀先代君王的祭祀性场所。广场具有宗教性、政治性和公共性，为祭祀、朝会、集会、民众娱乐活动等提供场地。从战国时期到西汉，宗庙与朝堂逐渐分离，同时也出现了朝（殿）堂广场。春秋末期，逐渐形成"面朝背市，左祖右社"的空间布局。广场由民众全程参与的、娱乐活动的场地逐渐转变为等级森严、彰显帝王威严的场所；也由开放的公共空间转变为只为少数统治阶级服务、禁止平民进入的私有空间。图 2-32 所示的是明朝嘉靖年间建立的祭天的圜丘坛，坛由三层雕砌的露天圆台构成，四周设置低矮的围墙，象征天圆地方。每层九个台阶，最高一层台面直径是九丈，名"一九"；中间一层十五丈，名"三五"；最下一层二十一丈，名"三七"，皆采用阳数一、三、五、七、九。天心石四周围绕有九重石块，第一圈是九块扇形板，为一重；第二圈是十八块，为第一圈的倍数，之后依次按九的倍数递加，至第九圈为八十一块，称九重。每层四面有台阶，各九级。一层栏板七十二块，二层一百零八块，三层一百八

图 2-31 河南二里头遗址一号宫殿广场 高嘉崎 绘
场地是大型夯土台基，平面基本呈正方形，东西长 108m，南北宽 100m，现存台基高 0.8m，大殿面阔 8 间，进深 3 间，四坡出檐。殿前有宽阔的庭院，面积约 5000m²。

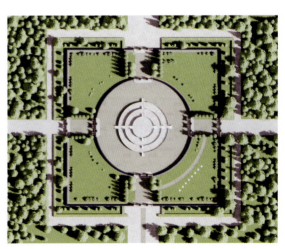

图 2-32 圜丘坛复原图 高嘉崎 绘
三层露天圆台，坛面的艾叶青石、直径、层数、堆砌的石块、栏板，都采用阳数（即单数，也称天数）。站在坛中心的天心石上面高喊或发出敲击声，0.07 秒后周围即起回音，可收到"一呼百应"的效果。圜丘坛是冬至日举办祭天大典的场所。

十块，共三百六十块，正合周天三百六十度。九为阳数之极，通过对"九"的反复应用，强调"天子"至高无上的地位。

2.2.3 朝（殿）堂广场

殿堂广场，是展示帝王权力的神圣场所，是皇帝处理政务的朝堂。

殿堂广场的平面布局采用轴线对称的手法，利用广场空间的变化衬托主体建筑庄严神圣、至高无上的磅礴气势，除了朝堂集会外，广场还是举办大型政治礼仪活动的场所。东汉开始，殿堂广场拓宽至宫城前的街道，街道作为官员会集的场所，与殿前的广场形成空间序列。唐代，宫城前用作大朝会官员集合的广场（称为横街），规模宏大，东西长约2500m，南北宽约250m，总面积约6公顷，除用于朝会以外，居民也在此举行大型活动。如图2-33所示，明清太和殿前的朝堂广场，是由四周建筑围合而成的庭院式广场。广场上为防止刺客袭击，没有种植任何植物，只有防火用的大水缸，地面的铺砖横竖不一，共有15层。广场地面上左右各有一行白色石方砖，北窄南宽，呈"八"字，共约200块，一直延伸到太和门，为仪仗墩。广场的平面形式由汉唐时期的方形转变为明清时期的"T"形，也由对民众有限开放的公共广场发展为完全封闭的私有庭院广场。

另外，地方城市的府衙也有前庭，也可算作殿堂广场。

2.2.4 佛寺广场

佛寺广场即佛教寺庙的广场，可以分为寺外广场与寺内广场：寺外广场指的是以寺庙的山门为主要节点，以照壁、牌坊等功能建筑为参照，寺庙入口以外与寺庙直接衔接或相邻的开放空间；寺内广场指的是位于佛寺内部，由佛寺内的建筑围合，有范围限定的公共空间，采用殿堂广场形式，围合成庭院广场。

两汉时期，佛教由印度传入中国，直到魏晋南北朝时期，佛教广泛传播，佛寺布局制式才开始汉化，唐宋时期佛殿取代佛塔成为佛寺的核心。为了扩大影响，佛教将各种艺术形式作为推广媒介，在节日或规定日子的"庙会"举行一些市集或庆典活动。将市场与寺庙结合起来，从而形成了集贸易、娱乐、宗教等功能于一体的公共开放性广场，其功能与西方广场相近。

南京的夫子庙布局为前庙后学宫，中轴线上建有棂星门、大成门、大成殿、明德堂、尊经阁等建筑。如图2-34所示，庙前的秦淮河为泮池，从照壁至卫山南北形成一条中轴线，左右建筑对称。大成殿是供奉和祭祀中国古代著名思想家、教育家孔子的庙宇。殿前为佛寺广场，广场上植有8棵银杏，中间一条笔直的石砌甬道通向大成殿前的丹墀，丹墀是祭孔时举行乐舞活动的地方。殿前正中竖

图2-33 太和殿广场 代缦阁 摄
太和殿，俗称金銮殿，长64m，宽37m，高26.92m，连同台基通高35.05m，建筑面积达2377m²，位于北京紫禁城南北主轴线的显要位置，为紫禁城内规模最大的建筑，是中国古代宫殿建筑之精华，东方三大殿之一。殿前广场十分空旷，占地面积约3公顷。

图 2-34　南京夫子庙　高嘉崎 绘
夫子庙是一组规模宏大的古建筑群，主要由孔庙、学宫、贡院三大建筑群组成，占地面积极大。

立一尊孔子铜像，高 4.18m、重 2.5 吨，是中国最大的孔子铜像。道路两旁有孔子的弟子颜回、子路等的汉白玉雕像，每尊雕像高 1.8m。

2.2.5　市井广场

"市"乃"买卖之所也"。早期为封闭结构，形状为方形或长方形，四周有围墙，每面墙的中间有门，以时启闭，因其形状呈"井"字形，所以被称为市井。唐末以来，市墙的消失使得民居、店肆临街而建，在街道交汇的节点处，形成"街市合一"的小型公共广场，也是人员汇聚之地。民间艺人便在市井广场上为游人助兴，表演打拳、杂耍、说书、唱曲等。市井广场因所处的区位、发展的经历不同，所包含的内容、类型、特点也有所不同，旧称勾栏、瓦子、天桥等。勾栏原是"栏杆"之意，民间艺人最开始在道路旁边的空地上演出，后来发展为用栅栏或绳子把空地围起来，形成固定的演出场所。勾栏的建造形制类似戏台。勾栏的产生与发展，吸引了大量的人流，以勾栏为中心的市井广场就自然形成了商业集市，进而变成了勾栏周边的繁华市场。瓦子是以勾栏为中心的新型公共娱乐和商业广场，因此瓦子也被称为"瓦肆""瓦舍"。南宋临安的瓦子设有酒楼和茶坊，将开放性的商业广场与演出广场结合，使得城市居民的娱乐生活大大丰富，进而促进了城市文化生活的繁荣（图 2-35）。由此可见，市井广场也由承载单一集市功能的广场，慢慢转变为承载居民日常生活、交往、娱乐等多个功能的广场。《清明上河图》描绘的就是开封城繁华的开放性市井广场。

宋代以后，中国城市市场店肆多布设在纵横交错的开放性街道空间中，但这种布局也有一些特殊变化，其中的一个典型就是四川罗城的"一条船广场"。罗城古镇始建于明崇祯年间（1628），成形于清代，位于

图 2-35　宋代的瓦子
瓦子是大众观赏各种表演的场所，给人们视觉、听觉等多重享受，加上其内"多有货药、卖卦、喝故衣、探博、饮食、剃剪、纸画、令曲之类"的服务项目，以致人们终日居于此地。大型瓦子可容纳数千人。

犍为县东北部。古镇建在一个椭圆形的山丘顶上，主街东西长209m，南北最宽处9.5m，街道和两边瓦房逐渐靠近变窄，从高处俯视，整个古镇形似一艘大船，两边的房屋是船舷，中部的戏楼是船舱，东端的灵官庙好似大船的尾篷，西端的天灯石柱恰似大船的篙竿，故称"船形街"，被联合国教科文组织喻为"中国的诺亚方舟"，如图2-36所示。船在水中行，有船必有水。建成船形街是将其作为祈雨求水的象征，祈祷上苍保佑，年年风调雨顺，岁岁人丁兴旺，百姓安居乐业。古镇独特的设计吸引了世界各国设计师的目光，1982年澳大利亚便在距墨尔本市25km处的罗克斯市投资建设以罗城船形街为样本的"中国城"。

在中国传统城市格局中，具有交往、娱乐、游憩功能的城市公共空间通常不是块状的集中模式，而是这种融日常生活和公共活动于一体的流动的、线型的街市模式。概括说来有以下几个特征：第一，平面形式多呈不规整的自由形状；第二，空间较为流通，常用牌坊、照壁、旗杆、望柱等小品，形成围而不堵的效果；第三，常用建筑小品取得标志和象征作用；第四，广场尺度适当，利于步行者活动，有较强的市民性。

2.2.6 近现代中国城市广场

中华人民共和国成立后，全国各城市为配合重要仪式性活动的开展，相继建设了城市中心广场，以北京天安门广场为代表，城市广场为满足集会、游行等重大群众活动的需要，追求巨大的空间尺度，如天安门广场就有44万平方米的巨大规模。

回顾天安门广场的发展历史，都与北京城的规划与建设紧密相连。明清北京城是在元大都城的基础上经过几次改建完成的。

明永乐四年（1406）开始在北京筹建宫殿，历时十四年，营建工事基本完成。仿效当时南京的城市规划，在宫城南门即午门前面的东西两侧，分别建立了太庙和社稷坛，如图2-37所示。这两组建筑群对称排列，有力地突出了中心御道的地位，加强了从皇城南门到午门之间的纵深度。皇城南门仿照南京改名承天门，也就是现在的天安门。承天门内加筑端门，从端门到午门的御道两侧，相当于旧制东西千步廊的位置，分别建立六科值房。承天门与端门之间的东西两侧，也增建了宫墙。这一设计使得承天门与午门通过对称排列的建筑物，联系在一起。因此，承天门虽然相当于皇城正门，实际上又是宫城正面的第一门。在承天门外开辟了"T"形的朝堂广

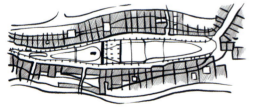

图2-36 四川罗城古镇"一条船广场"

小镇街面起伏，如同波涛中的甲板；街道两侧各有一条宽敞、整齐的荫廊，像船篷一样，当地人称为"凉亭子"。凉亭子既是方圆百里的百姓进行农副产品交易的地方，又是人们品茶、饮酒、理发的场所；晴天可以遮蔽烈日，雨天可以避风挡雨。这座船形广场具有浓郁的地方风味，布局巧妙。

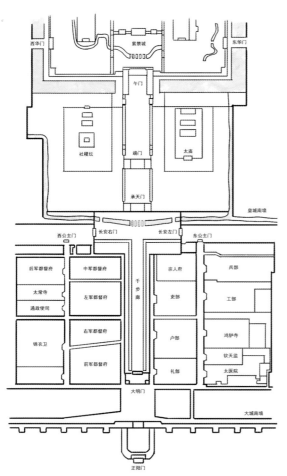

图 2-37 明北京城午门至正阳门平面
宫城主体建筑都保持严格的轴线对称布局，周围绕以色彩浓郁的红墙，层层封闭，正中央是一条狭长而笔直的石板大道，一直延伸至天安门前，以此来彰显帝王之居的华贵，以及皇帝的绝对权威。

场，名曰"天街"，外建宫墙。天街的东西两端各建"长安左门"与"长安右门"。自天街向南凸出的部分，止于"大明门"。

清北京城全部承袭明代之旧制，只是对一些城门名称作了更改。例如宫廷广场南端的大明门改称大清门，承天门改称天安门。另外一个比较重要的一个变化，是乾隆十九年把长安左、右门外的一段街道，增筑围墙，作为广场两翼的延伸部分，其东西两端，又各增建一门，分别叫作"东三座门"和"西三座门"。这就等于把"T"形宫廷广场的东西两翼，又向外加以拓展。在拓展部分的南墙上，左右两边各有一门，分别向南通往中央官署区。

中华人民共和国成立之后，天安门广场包括东西长安街的扩建工程启动，形成以东西长安街拓宽的部分为两翼的"T"形广场空间。广场北起天安门，南至正阳门，东起中国国家博物馆，西至人民大会堂，南北长 880m，东西宽 500m，占地面积达 44 万平方米。广场中央矗立着人民英雄纪念碑和庄严肃穆的毛主席纪念堂，广场西侧是人民大会堂，东侧是中国国家博物馆。

如图 2-38 所示，扩建后的天安门广场在整个首都的城市规划中，已经成为平面布局的中心，占据全城最重要的地位。对比之下，紫禁城这个在旧日突出于全城中轴线的古建筑群，则已经退居到类似广场"后院"的次要地位，人民赋予天安门广场以新的生命，从而使它焕发新的光辉。

天安门广场，位于北京市中心地带，是我国的政治活动中心，更是国家举行重大庆典、盛大集会和外事迎宾的神圣重地。

改革开放以来，城市广场建设在各地兴起。这一时期广场建设的理念与我国近代广场建设的理念区别不大，仍然将城市广场当作城市空间的装饰景观，是美化市容的空间手段，是城市的"形象工程"。因此，此时期依然追求宏大的尺度规模、浓丽的装饰效果。

20 世纪 90 年代中国的广场建设许多都借鉴了巴洛克时代城市设计的理念，也就是说强调的依然是大尺度、规整的几何形态和较强的中轴对称关系。广场上的建筑物大都采用"纪念碑"式的处理手法。

当再一轮建设热情稍减退以后，社会各界对城市公共空间建设进行了反思。进入 21 世纪后，"可持续发展""生态城市""雨水花园""人居环境"等城市未来发展课题的探讨和实践进入城市建设的视野。人的需要、个人活动在公共空间中的价值，成为当代广场建设的重要考虑因素。

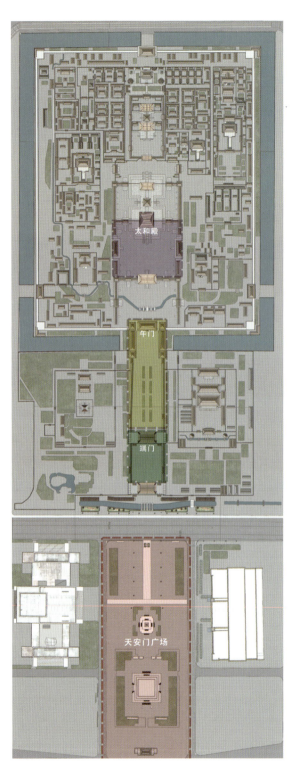

图 2-38　天安门广场与宫城的中轴线
天安门广场与端门、午门、太和门、太和殿、中和殿、保和殿、乾清宫、坤宁宫、神武门等主要建筑形成都城的中轴线。人民大会堂和中国国家博物馆分立两侧，广场内沿中轴线由北向南依次矗立着国旗杆、人民英雄纪念碑、毛主席纪念堂和正阳门城楼，使广场呈现磅礴的气势。

2.3 中西方传统城市广场的区别

回顾广场演变历史，无论中国还是西方，广场的发展都与国家和社会的发展息息相关。毫不夸张地说，广场的形式与功能是当时社会价值主体和价值观的缩影，二者既有差别，又有相似之处。中西方广场都是起源于城市产生前的农业聚落的中心，都是公共社会生活的产物，是人们社会活动的场地。广场都象征"中心"，西方的广场一般都具有宗教、政治、经济、军事、娱乐等多种功能，由此成为城市社会生活的中心；而根据历史资料，中国的传统广场也具有这些功能，并象征着城市社会文化的中心。中西方广场的发展都具有阶段性，也都处于不断的历史演进过程中。西方各国的广场一直受到外来文化的影响，表现出明显的学习、借鉴的趋势，而中国传统广场也在不断吸收、借鉴外来文化，尤其是到20世纪，更以排斥传统广场为代价，全面引进西方广场形式。

中国传统城市广场与西方传统城市广场本质上还是有一些区别的。

2.3.1 空间形态与尺度的不同

中国传统公共广场——市井广场的尺度和规模相对较小，主要是由街市发展而来，空间形态上依然保持线状的结构，或与街道相结合放大空间节点。坛庙广场、朝堂广场虽然是面（块）状的平面形态，但是规模又过分宏大，缺少人体尺度。唯有寺庙广场与西方自发形成的广场类似，形态自由，缺乏精心的设计。

2.3.2 城市的核心不同

西方城市的核心是城市中心的广场，是开放性的空间，市民们沿着街道从四面八方汇聚于此，在此庆祝节日、游行，举行宗教、政治活动。广场是西方城市结构中最明确的因素，从古到今都是城市的心脏。因此，西方城市采用"广场→街道"的层级结构，广场具有"核心"的空间属性。

而中国传统城市的核心是宫殿或府衙，虽然宫城前面一般也有朝堂广场，地方城市的府衙也有前庭，但都不供公众活动使用，反而要求"回避""肃静"，只用于体现皇家专制地位和维护官府权威，基本不具备公共活动中心的性质。因此从空间形态上来说，中国传统城市的核心空间是封闭的空间，不属于公共空间的意义范畴。开放的公共空间多是庙会、瓦子等衍生出的市井广场，街道为普通百姓的生活中心。因此，中国传统城市的广场在公共空间中处于从属地位，即中国城市采用"街道→广场"的层级结构。

2.3.3 文化内涵的差异

在西方传统城市社会中，上帝是唯一存在的至高无上的神，西方传统广场作为"地标原型"蕴含着宗教性，成为人们精神上的支撑点，人们从四面八方赶来朝圣。欧洲传统广场创造了多样的市民宗教文化活动，从而形成了城市市民文化的一个重要组成部分——广场文化，赋予了广场较为深厚的文化内涵。

而中国传统文化中对神灵的信仰则体现出两个鲜明的特征：一是人神同一；二是世俗化。中国传统文化中的神灵大部分都具有人化的特征，许多更是与祖先崇拜结合在一起，使人的灵化与神的人化结合。从信仰上看，中国传统社会普遍尊崇泛神论观点，不同于西式的唯一神的概念。民众对宗教信仰的诉求是建立在实用基础上的，即怀有"有求必应""因果报应"等功利性的目的。因此在中国以庙宇、祠堂为中心的广场空间中，并不会出现西式的狂热追求，而是将广场赋予"家"的概念并扩大、延伸，追求精神的安详与宁静。所以，与西方广场的宗教性相比较，中国传统寺庙广场的象征性更弱。

中国传统城市广场空间被赋予封建的伦理意义和"君权神授"的神秘象征意义，广场文化内涵不如西方国家丰富和开放，这在一定程度上也限制了广场文化的形成和发展。中西方传统城市广场的比较见表2-1。

表2-1　中西方传统城市广场的比较

比较项目	中国传统城市广场	西方传统城市广场
形成机制	除朝（殿）堂广场、坛庙广场外，大部分广场是由于使用的需要而自发形成的，布局灵活，形态自由	设计师精心规划，按照一定的几何规律进行设计布局，大小、形态符合特定的比例
公共性	市民在广场上的活动往往受到限制，一般只能进行周期性的商业交易活动	具有强烈的公共性
围合性	坛庙广场、朝（殿）堂广场都是庭院围合式。寺庙前广场、市井广场周边建筑对广场的围合程度相对较弱	强调周边建筑的围合，两者通常构成一个密不可分的整体，相互衬托，形成阴角空间
使用性质	市民的各种日常活动通常是围绕建筑内部庭院空间进行的，所谓的广场只是市民进行某种特殊活动时才使用的场所	市民日常公共生活的中心，市民的各种日常活动围绕广场开展
在城市发展中的作用	坛庙广场、朝（殿）堂广场经过精心规划与设计，成为城市的核心。除宫城与衙署外，城市的基本构成单元通常是合院建筑群，广场只是建筑划分城市空间的剩余产物，对城市的发展没有太大影响	城市往往围绕广场向周围发展，街道构成城市发展的骨架

复习与思考

1. 谈谈你最喜欢的城市广场的特点？
2. 简述中西方传统城市广场的异同点。
3. 延伸阅读卡米诺·西特的《城市建设艺术：遵循艺术原则进行城市建设》。

第 3 章
广场的空间设计

教学要求与目标

教学要求：通过本章的学习，学生应当了解广场的空间设计，包括广场的设计要素、广场的空间尺度及广场的空间组织。

教学目标：培养学生的空间设计能力，使学生了解广场的空间尺度、空间组织，重点掌握广场设计的物质要素——植物、水体、铺装、地形、景观建筑与小品，能够熟练运用这些要素在合理的尺度下进行空间组织与设计。

本章教学框架

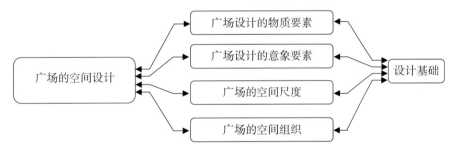

3.1 广场设计的物质要素

广场设计的物质要素包括植物、水体、铺装、地形、景观建筑与小品。

3.1.1 植物

我国植物资源丰富，是世界园林植物的重要发源地之一，植物种类位居世界前列。

园林植物（Landscape Plant）指适用于园林绿化的植物材料，能绿化、美化、净化环境，具有一定的观赏价值、生态价值和经济价值，适用于改善人们的生活环境、丰富人们的精神生活，如图3-1、图3-2所示。在当今全球生态环境受到碳排量增加、气候变化、生物多样性剧减等影响的情况下，人们对园林植物的功能提出了新的要求。不仅要求其具有传统的观赏功能，还要求其具有改造环境、保护环境及维持生态平衡的功能。

园林植物不仅可以改善广场的生态环境，调节小气候、阻风、降低场地温度、提高空气

图3-2 园林植物

湿度，还能够进行雨洪管理，为海绵城市的建设提供保障。

园林植物是广场绿化的主体，不仅是广场设计的物质组成要素之一，还对形成广场整体的文化特色起到重要作用，有时甚至承担广场的主题角色，其本身就表达了某种设计理念和审美追求。园林植物种类繁多，形态各异。有高达百米的巨大乔木，也有矮至几厘米的苔藓、草坪及地被植物；有直立的植物，也有攀援和匍匐的植物；树形上也各有千秋，有圆锥形、伞形、圆球形等。植物的叶、花、果实更是色彩丰富、绚丽多姿。园林植物最大的特点就是具有生命力，在生长发育过程中就呈现鲜明的季节性特色和兴盛、衰亡的自然规律。早春时节山花烂漫，夏季绿树成

图3-1 英国汉普顿法院迷宫

该迷宫由植物围合而成，迷宫中或是高大的树篱，或是浓密的灌木，组成一道道围墙，随着季节的变化而变化。有些地方甚至设置了游戏设施，深入其中，探索迂回的路径，趣味十足。

荫，深秋红叶层叠，冬季枝丫凝雪。植物随季节而不停地改变色彩、质地、叶丛的密度及树冠形状等。毫不夸张地说，没有哪一类造景元素能像植物这样富有生机而又变化万千。

根据生命周期，植物可分为一年生植物和多年生植物。多年生植物的生命周期有两年、十几年、几十年甚至几百年，它们在各自的生命周期完成了从出生、成长、繁殖、衰老直至死亡的过程。植物器官或整株植物的生长速度表现出"慢－快－慢"的基本规律，即刚开始时生长发育比较缓慢，之后逐渐加快，然后又缓慢生长直至生命终止。

自然界花草树木的色彩变化是非常丰富的，春天开花的植物最多，此时叶、芽萌发，具有春暖花开、生机盎然的景观效果。夏季开花的植物也较多，但更显著的季相特征是绿树成荫，林草茂盛。金秋时节丹桂飘香、秋菊傲霜，而丰富多彩的秋叶、秋果更使秋景美不胜收。隆冬草木凋零，山寒水瘦，呈现的是萧条的景观。四季的演替使植物呈现不同的季相，而把植物季相变化在园林设计中有意识地表现出来，就构成了四时演替的时序景观。

植物可以构成景观空间。乔木可独立成景，藤蔓爬满棚架，绿篱整形颇似墙体，平坦整齐的草坪可铺展于水平地面，因此植物也像其他造景要素一样，具有构成空间、分隔空间、引起空间变化的功能。植物造景在空间上的变化，可以通过人们视点、视线、视域的改变而产生"步移景异"的空间序列变化。可以根据空间的大小，树木的种类、姿态、株数及配置方式来组织空间，形成不同的景观区域和景点。

一般来说，植物布局应该根据实际需要做到疏密错落，在有景可借的地方，植物配植要以不遮挡景观为原则，"俗则屏之，嘉则收之"。树要有稀疏变化，树冠要高于或低于视线以保持优美的透视线。对于视觉效果比较差、杂乱无章的地方，要用植物材料加以遮挡。布置大面积的草坪或地被，可使视域空旷，空间开朗，极目四望令人心旷神怡，适于观赏远景；而用高于视线的乔灌木围合的空间，植物越高，空间感也就越强，适于观赏近景，景物清晰、感染力强。所以在园林景观设计中要应用植物材料营造既开朗又有视线遮挡效果的空间景观，将两者巧妙衔接，丰富人们的视觉感受。用绿篱分隔空间是常见的方式，在铺装的边界、景观建筑小品的周围，用绿篱四面围合可以形成一个相对独立的空间，增强空间的私密性；在广场与外界的连接处，利用较高的绿篱、树丛分隔，可以有效地阻挡车辆产生的噪声污染，创造相对安静的空间环境。国外还很流行用绿篱做迷宫，增加园林的趣味性。

除此之外，园林植物的规划、设计、营建与维护要遵循生态学的原理和方法，以构建安全的生态系统、健康的园林体系。

1. 生态系统
(1) 生态系统的多样性。
在自然界一定范围或区域内，生活着一群相互依存的生物，包括动物、植物、微生物等，这些生物和当地的自然环境一起组成一个生态系统。在一个生态系统内，物质和能量的流动可以达到动态平衡。一个生态系统内各个物种的数量比例、能量和物质的输入与输出比例，一般都处于相对稳定的状态。如果环境因素发生变化，生态系统具有自我调节与恢复能力，如果环境因素缓慢地变化，则原有的生物会逐渐让位给新生的生物，使新的种群更适应新的环境条件，这就是生态演替。但是，如果环境变化太快，生物来不及演化以适应新的环境，生态平衡就会遭到破坏。

生物多样性是在一定的区域内基因、物种和生态系统的总和。在这个生态系统内，组成的成分越多，能量和物质流动的途径就越多样，食物链的组成就越复杂，生态系统自动调节并恢复稳定状态的能力就越强；成分越单调、结构越简单，应对环境变化的能力就越弱。因此生物多样性也是衡量一个区域环境状况的有效指标。

物种多样性是指动物、植物和微生物种类的丰富性。

生态系统的多样性主要是指在地球上生态系统的组成、功能的多样性及各种生态过程的多样性，其中包括生态环境的多样性、生物群落和生态过程的多样化等多个方面。其中，生态环境的多样性是生态系统多样性的基础，生物群落的多样性可以反映生态系统类型的多样性。

简单地说，在一定区域内，人工创造的植物景观种类越丰富，生物多样性就越复杂，生态系统就越趋于稳定。党的二十大报告也指出，要"提升生态系统多样性、稳定性、持续性"。

（2）可持续发展与生态设计。
1994年，我国政府批准发布了《中国21世纪议程——中国21世纪人口、环境与发展白皮书》，首次把可持续发展战略纳入我国经济和社会发展的长远规划。1997年，党的第十五次全国代表大会明确提出"在现代化建设中必须实施可持续发展战略"党的二十大报告也指出："人与自然是生命共同体，无止境地向自然索取甚至破坏自然必然会遭到大自然的报复。我们坚持可持续发展，坚持节约优先、保护优先、自然恢复为主的方针……"

可持续发展是既满足当代人的需求，又不对后代人满足其需求的能力构成危害的发展。可持续发展既要达到发展经济的目的，又要保护好人类赖以生存的大气、淡水、海洋、土地和森林等自然资源和环境，使子孙后代能够永续发展和安居乐业。党的二十大报告指出："像保护眼睛一样保护自然和生态环境。"可持续发展和环境保护既有联系，又有区别。环境保护是可持续发展重要的一方面。发展是可持续发展的前提；人是可持续发展的中心体；可持续长久的发展才是真正的发展，能够使子孙后代永续发展和安居乐业。这也就是党的二十大报告提出的"坚定不移走生产发展、生活富裕、生态良好的文明发展道路，实现中华民族永续发展。"

可持续发展概念的自然属性便是保护和加强环境系统的生产和更新能力，生态设计是可持续发展的一个重要手段。

生态设计是通过显露自然元素及自然生长过程来唤醒人们保护自然意识的园林设计手段。显露自然作为生态设计的一个重要原理和生态美学原理，在现代景观设计中越来越得到重视。生态设计是人与自然的合作，也是人与人的合作。生态设计的基本形式包括自然式设计、乡土化设计、保护性设计、恢复性设计、复育性设计等。

自然式设计与传统的规则式设计不同，通过

植物群落设计和地形起伏处理，从形式上表现自然，致力于将自然引入各类风景系统和城市的人工环境。

乡土化设计是通过对基地及其周围环境中植被状况和自然史的调查研究，使设计更切合当地的自然条件并能够反映当地的景观特色。

保护性设计是对于一定区域的生态因子和生态关系进行科学的研究与分析，通过合理设计减少对自然的破坏，以保护现状良好的生态系统。

恢复性设计是指在设计中运用各种科技手段来恢复已经被破坏的生态环境。

复育性设计是综合运用景观规划、工程、生物等相关手段对低效的生态系统进行改造或调控的设计。

2. 植物的生态环境与生态因子

生物体生活的外部自然条件总称为"环境"，任何生物都不能脱离环境而单独存在。植物的环境主要包括气候（包括温度、水分、光照、空气）、土壤、地形地势、生物（包括动物、植物、微生物）等几方面。其中最重要的五大因子分别是光照、温度、水分、空气、土壤。"生态环境"是指植物所生存的小环境，也称为"立地条件或立地"。环境因子中对植物有直接影响或间接影响的因子，称为"生态因子"。其中，直接影响植物生存的因子属于必需的条件，即缺少它们植物就不能生存，这类因素叫作"生存条件"，如氧气、二氧化碳、温度、水、无机盐等。有的生态因子并不直接影响植物，而是通过间接关系发挥作用，例如地形地势因子是通过使热量、水分、光照、土壤等条件产生变化从而影响植物，这些因子可称为"间接因子"。称其为"间接因子"是因为其对植物生活的影响关系属于间接关系，但这并不意味着其重要性降低。事实上，在进行景观植物规划设计时，必须充分考虑"间接因子"。在研究植物与环境的关系时，必须理解以下几个基本概念。

其一，生态因子的综合作用。环境中的各生态因子不是孤立的，而是互相影响、紧密联系的，它们组合成综合的体系，对植物的生长生存起着综合的生态生理、遗传变异作用。

其二，主导因子的时空和转换特性。主导因子是指某一个或两个对植物的生态生理在某个阶段起着主导作用的因子。但对植物的一生而言，主导因子不是固定不变的，如种子萌发时主导因子是水分，开花时主导因子是光照。

其三，生存条件的不可代替性。生态因子间虽互有影响、紧密联系，但任何一个因子都不能由其他因子来代替。

其四，生存条件的可调剂性。生态因子虽然具有不可代替性，但是在一定的条件下，某一因子在量上的不足，则可以由其他因子在量上的增强而得到调剂，并能达到相似的生态效应，但是这种调剂是有限度的。比如森林下层，光照较弱，但是近地面的二氧化碳的浓度高，可以弥补光照的不足，使下层的植物同样保持较高的光合效率。

其五，生态因子的阈值就是植物本身所能抵抗外界生态因子、恢复平衡状态的临界限度。植物对生存条件和生态因子变化强度的适应是有一定限度的，超出这个限度就会导致死亡,这种适应的范围,就是"生态幅"。每种植物对一种生态因子都有一个耐受范围,即一个生态学上的最低点和一个生态学上的最高点。不同植物或者同一植物生长发育的不同阶段的生态幅,都有很大差异。

(1)温度因子。
温度因子对于植物的生理活动和生化反应都是特别重要的,其变化对植物的生长发育和分布都具有极其重要的影响。

①季节性变温对植物的影响。
地球上除南北回归线之间和南北极圈内的地区,其他地区的植物一年中都根据温度因子呈规律性变化,可以作四季的划分。

对于季节的划分,普遍采用候温划分法,它是以候(5天为一候)的日平均气温作为划分四季的温度指标。当候的日平均气温稳定在22℃以上时为夏季;当候的日平均气温稳定在10℃以下时为冬季;当候的日平均气温在10~22℃时则为春秋季节。不同地区的四季长短是有差异的,这种差异受其他因子如地形、海拔、纬度、季风、雨量等的综合影响。当地乡土植物,由于长期适应这种季节性的变化,就形成了一定的生长发育节奏,即物候期。在进行景观植物造景与配置时,必须对当地的气候变化及植物的物候期有充分的了解,才能进行合理的种植与管理。

②昼夜变温对植物的影响。
气温的日变化中,在接近日出的时候为最低值,在13:00—14:00时为最高值。一天中的最高值与最低值之差称"日较差",或称"气温昼夜变幅"。植物对昼夜温度变化的适应性称"温周期"。温周期直接影响植物的发芽、生长、开花、结实。一般在昼夜温差较大的情况下,白天温度较高,有利于光合作用,夜晚温度较低,抑制呼吸作用,有利于植物营养物质的积累,植物开花较多、较大,果实也比较大、品质较好。

植物的温周期特性与植物的遗传性和原产地日温变化的特性有关。一般情况下,原产于大陆性气候地区的植物在日变幅为10~15℃的条件下,生长发育最好;原产于海洋性气候区的植物,在日变幅为5~10℃的条件下生长发育最好;原产于热带的植物能在日变幅很小的条件下生长发育良好。

③突然变温对植物的影响。
植物在生长期中如果遇到温度突然变化的情况,就会被打乱生长进程,从而受到伤害,严重的会死亡,温度的突变可分为突然低温和突然高温两种情况。

④温度与植物的分布。
不同树种对温度的适应范围不同,如谚语所说:"杉不过黄河,樟不越长江。"把热带、亚热带的树木种到北方,就会冻死;把北方树种引种到亚热带、热带地区,就会生长不良或者不能开花结实,甚至死亡。这种现象主要是因为温度因子影响了植物的生长发育,从而限制了植物的分布范围。温度是植物生长发育必不可少的因子,也是植物分布区的主导因子,萌芽、生长、休眠、展叶、开花、结果等生长发育过程都要求一定的温度条件,植物对温度有一定的适应范围,超过极限高温或低于极限低温,植物就难以生长。温度与植物的水平分布见表3-1。

表 3-1　温度与植物的水平分布

气候带	年均温度 / ℃	最冷月温度 / ℃	最热月温度 / ℃	植物开始发育的下限温度 / ℃	生态类型	植被区域
寒温带	−5.5～2.2	−38～−28	16～20	<5	最耐寒树种	针叶林
温带	2～8	−28～−10	21～24	5	耐寒树种	针阔混交林
暖温带	9～14	−13.8～−2	24～28	10	中温树种	落叶阔叶林
亚热带	14～22	−13～2.2	28～29	15	喜温树种	常绿阔叶林
热带	22～26.5	16～21	26～29	18	喜高温树种	雨林和季雨林

由于季节性的变温，植物形成了相适应的物候期，呈现有规律的季相变化，在进行植物配置时，设计师应该熟练掌握植物的物候期，以及由此产生的季相景观，进行合理配置，充分发挥植物的观赏价值。

(2) 水分因子。

水是植物体的重要组成成分，占 60%～80%，植物所有的生理活动、新陈代谢都需要水的参与。水分能使树木的组织保持膨胀状态，使器官维持一定的形状和活跃的功能。水分还有较大的热容量，能缓和温度剧变所带来的伤害。

① 水分因子起主导作用的植物生态类型。

A. 旱生植物。

旱生植物指在干旱的环境中能长期忍受干旱且能正常生长发育的植物类型。本类植物多见于雨量稀少的荒漠和干燥的草原，个别的也可见于城市环境中的屋顶、墙头，陡峭的岩壁上。根据旱生植物的形态和适应环境的生理特性，可将其分为少浆植物、多浆植物和冷生植物。

少浆植物或硬叶旱生植物：植物体内的含水量很少，而且在丧失 50% 含水量时仍不会死亡。这类植物大多叶面积小，或退化成鳞片状、针状、刺毛状；叶表具有厚的蜡层、角质层或毛茸，可减少水分的蒸发；叶的气孔下陷，气孔腔中生有表皮毛，可以减少水分的散失；当体内水分含量降低时，叶片卷曲或呈折叠状；根系极发达，能从较深的土层中和较广的范围内吸收水分；对比同一属植物，少浆植物与中生植物单位叶面积上的气孔数更多，因此在土壤水分充足的时候，其蒸腾作用会比中生植物快得多，但在干旱条件下其蒸腾作用却极慢。

多浆植物或肉质植物：植物体内含有由薄壁组织形成的储水组织，所以含有大量水分，能适应干旱的环境条件。根据储水组织所在位置，又可分为肉茎植物和肉叶植物。肉茎植物具有粗壮多肉的茎，它的叶则退化成针刺状，如仙人掌科植物。肉叶植物的叶部肉质化显著，而茎部的肉质化不显著，如一些景天科、百合科及龙舌兰科植物。

冷生植物或干矮植物：除具有旱生少浆植物的旱生特征，又有自己的特点。此类植物一般都比较矮小，多呈团丛状或者垫状。根据其生长环境的水分条件又可分为两种：一种是土壤干旱而寒冷，因而植物具有旱生的性状；另一种是土壤湿润甚至多湿、寒冷，植物亦呈旱生的性状。前者可称为干冷生植物，多见于高山地区，后者可称为湿冷生植物，多见于寒带、亚寒带地区，这是温度与水分因子综合影响的结果。

B. 中生植物。

大多数植物属于中生植物，不能够忍受过干

和过湿的条件，但是由于其种类众多，因而对干与湿的忍耐程度具有很大的差异。耐旱力极强的种类具有旱生的性状，耐湿力极强的种类则具有湿生的性状。中生植物的主要特征是根系及输导系统均较发达；叶片的表面有一层角质层，叶片的栅栏组织和海绵组织比较整齐；叶片内没有完整而发达的通气系统。

C. 湿生植物。
湿生植物需要生长在潮湿的环境中，如果生长在干燥或者中生环境下则常会死亡或生长不良。根据实际的生态环境，湿生植物又可分为喜光湿生植物和耐阴湿生植物。

喜光湿生植物：这类植物生长在阳光充足，土壤水分经常饱和或仅有较短的较干期的地区，如在沼泽化草甸、河湖沿岸低地生长的鸢尾、芦苇、香蒲、落羽杉、池杉、水松等。

耐阴湿生植物：这类植物生长在光线不足、空气湿度较高、土壤潮湿的环境下。热带雨林或亚热带季雨林中下层的许多植物均属于本类型，如蕨类、苔藓类、秋海棠类，以及多种附生植物。这类植物的叶片一般都很薄，抵御蒸腾作用的能力很小，根系也不发达。

D. 水生植物。
生长在水中的植物叫作水生植物。它们又可分为挺水植物、浮水植物和沉水植物。

挺水植物：植物体的大部分露在水面以上的空气中。红树生于海岸滩浅中，满潮时全树淹没于海水中，落潮时露出水面，故称海中森林。

浮水植物：可分为两类，一类是半浮水植物，根生于水下，泥中叶片漂浮在水面；另一类是漂浮植物，植物体完全自由地漂浮于水面。

沉水植物：植物体完全沉没在水中。

水生植物和陆生植物的分类对照表见表3-2。

②耐旱、耐涝树种。
植物或多或少都有一定抵抗水逆境的能力，掌握植物的耐旱、耐涝能力，对于园林设计师来说十分重要。

植物的耐旱能力见表3-3。

植物的耐涝能力见表3-4。

(3) 光照因子。
光是绿色植物的生存条件之一。绿色植物通过光合作用将光能转化为化学能，光为地球上的生物提供了生命活动的能源。

①光质对植物的影响。
光是太阳的辐射能以电磁波的形式投射到地球的辐射线。对植物起着重要作用的部分是可见光部分。但是人的肉眼看不见的紫外线和红外线对植物也有作用。一般情况下，植物在全光范围，即在白光下才能正常生长发育。

②光照时数对植物的影响。
光周期现象是指植物在生长发育过程中，必须经过一定时间的适宜光周期才能开花，否则将一直处于营养生长状态。根据植物对光周期的反应，可将其分为长日照植物、短日照植物、中日照植物、中间性植物。

长日照植物：指在开花以前需要有一段时期每日的光照时数多于14h的临界时数的植物。如果满足不了这个条件，则植物不能开花。光照时数越长则开花越早。

表 3-2　水生植物和陆生植物的分类对照表

类别	名称		特征	代表植物	适宜环境
水生植物	挺水植物		植物体的大部分露在水面以上的空气中	芦苇、花叶芦苇、菖蒲、香蒲、宽叶香蒲、菰、水葱、花叶水葱、再力花、席草、黄花鸢尾、纸莎草、泽泻、千屈菜、荷花、雨久花、花蔺、泽芹、水芹、水蓼等	水中、水边
	浮水植物	半浮水植物	根生于水下泥中，仅叶及花漂浮在水面上	睡莲、萍蓬草、芡实等	水中
		漂浮植物	植物体完全漂浮在水面上	凤眼莲、浮萍、大漂、水葫芦等	水面
	沉水植物		植物体完全沉没在水中	金鱼藻、黑藻、苦草、水毛茛、海菜花、菹草、眼子菜、茨藻、狸藻等	水中
陆生植物	旱生植物		耐旱性较强，能长期忍受空气或土壤的干旱	合欢、紫藤、夹竹桃、雪松、马齿苋、芦荟、仙人掌、珊瑚树等	沙漠、裸岩、陡坡等含水量低、保水力差的地段
	中生植物		无法忍受过干或者过湿的条件	大多数植物	一般的陆地环境
	湿生植物	喜光湿生植物	喜光、抗旱能力差，不能长时间忍受缺水	鸢尾、毛茛、黄花蔺、野芋、伞草、千屈菜、水生美人蕉、问荆、水毛花、泽泻、沼生柳叶菜、豆瓣菜、埃及莎草、梭鱼草、鱼腥草、石菖蒲、水蓑衣、落羽杉、水松、垂柳等	日照充足但土壤水分饱和的环境中，如沼泽化草甸、河湖沿岸低地
		耐阴湿生植物	喜阴、生长于空气和土壤湿度都较高的环境	蕨类、海芋、秋海棠及多种附生植物	热带雨林或亚热带季雨林的中下层

表 3-3　植物的耐旱能力

忍耐程度	忍耐干旱、高温的能力	代表植物
强	经受 2 个月以上的干旱高温，仍正常生长或仅生长缓慢	雪松、黑松、响叶杨、加杨、垂柳、旱柳、杞柳、小叶栎、白栎、栓皮栎、石栎、苦槠、榔榆、构树、柘树、山胡椒、狭叶山胡椒、枫香树、桃、枇杷、石楠、光叶石楠、山槐、合欢、黄檀、臭椿、乌桕、野桐、黄连木、盐肤木、木芙蓉、君迁子、栀子、火棘、小檗、紫穗槐、夹竹桃、紫藤、野葡萄、丛生福禄考、鸡眼草、算盘子、德国景天、千屈菜等
较强	经受 2 个月以上的干旱高温，仅生长缓慢或枯梢落叶	马尾松、油松、赤松、湿地松、侧柏、千头柏、圆柏、柏木、龙柏、偃柏、毛竹、水竹、棕榈、毛白杨、龙爪柳、青钱柳、麻栎、槲栎、锥栗、白榆、朴树、榉树、桑、无花果、广玉兰、樟树、豆梨、杜梨、沙梨、杏、李、皂荚、槐、香樟、油桐、千年桐、重阳木、野漆、枸骨、冬青、丝棉木、无患子、栾树、木槿、梧桐、杜英、厚皮香、柽柳、黄杨、紫薇、银薇、胡颓子、马甲子、扁担杆、山麻秆、溲疏、云实等
中等	经受 2 个月以上干旱高温植株不死，但有较重的落叶，枯梢现象明显	罗汉松、日本五针松、白皮松、落羽杉、刺柏、香柏、银白杨、小叶杨、钻天杨、杨梅、胡桃、山核桃、大叶朴、木兰、厚朴、桢楠、杜仲、悬铃木、木瓜、樱桃、樱花、梅、刺槐、龙爪槐、柑橘、柚、橙、大木漆、锦熟黄杨、鸡爪槭、枣树、枳椇、椴树、山茶、喜树、灯台树、刺楸、白蜡、女贞、黄荆、大青、泡桐、梓树、黄金树、水冬瓜、山梅花、蜡瓣花、海桐、海棠、郁李、紫荆、朝鲜黄杨、杜鹃、野茉莉、锦带花、接骨木、连翘、金钟花、水蜡、葡萄等
较弱	干旱高温 1 个月以内落叶、枯梢现象明显，几乎生长停止	粗榧、三尖杉、香榧、金钱松、华山松、柳杉、鹅掌楸、玉兰、八角茴香、蜡梅、大叶黄杨、糖槭、油茶、珙桐、四照花等
弱	旱期 1 个月左右植株即死亡	银杏、杉木、水杉、水松、日本花柏、日本扁柏、珊瑚树等

表 3-4　植物的耐涝能力

忍耐程度	忍耐水淹的能力	代表植物
强	3 个月以上	垂柳、旱柳、龙爪柳、榔榆、桑、豆梨、杜梨、柽柳、紫穗槐、落羽杉等
较强	2 个月以上	水松、棕榈、栀子、麻栎、枫杨、榉树、山胡椒、狭叶山胡椒、沙梨、楝树、乌桕、重阳木、柿、雪柳、白蜡、紫藤、凌霄、葡萄等
中等	1～2 个月	侧柏、千头柏、圆柏、龙柏、水杉、水竹、紫竹、广玉兰、酸橙、夹竹桃、木香、李、苹果、槐、香椿、丝棉木、石榴、喜树、黄金树、卫矛、紫薇、枸杞、黄荆等
较弱	2～3 周	罗汉松、黑松、樟树、花椒、冬青、黄杨、胡桃、板栗、白榆、朴树、梅、杏、合欢、无患子、刺楸、梓树、小蜡、紫荆、南天竺、溲疏、连翘、金钟花等
弱	1 周以下	马尾松、杉木、柳杉、柏木、海桐、枇杷、桂花、大叶黄杨、女贞、无花果、玉兰、木兰、蜡梅、杜仲、桃、刺槐、盐肤木、栾树、木芙蓉、木槿、梧桐、泡桐等

短日照植物：指在开花前需要有一段时期每日的光照时数少于 12h 的临界时数的植物。光照时数越短则开花越早，但每日的光照时数不得短于维持生长发育所需的光合作用的时间。也有人认为短日照植物需要一定的黑暗时数而非光照时数。

中日照植物：指只有在光照时数和黑暗时数近于相等时才能开花的植物。

中间性植物：指对于光照时数和黑暗时数没有严格的要求，只要发育成熟了，在无论长日照条件还是短日照条件下均能开花的植物。

光照时数与植物的分类见表 3-5。

通常情况下，延长光照时数会促进植物生长或延长植物生长期，而缩短光照时数则会减缓植物生长或使植物进入休眠期。掌握植物的光周期现象对植物引种驯化工作非常重要，如果将植物由南方向北方引种，为了使其做好越冬的准备，可以人为缩短日照时数，使其提早进入休眠期，从而增强其抗逆性。植物开花也受到光照时数的影响，所以现代切花的生产、节日摆花等往往利用人工光源或遮光设备来控制光照时数，从而达到控制植物花期的目的，满足生产、造景的需要。

③光照强度对植物的影响。

根据园林植物对光照强度的需求，可将其分为阳性植物、中性植物和阴性植物。

以光为主导因子的植物生态类型见表 3-6。

表 3-5　光照时数与植物的分类

分类	光照时数	分布	植物种类
长日照植物	>14h	高纬度（纬度超过 60° 的地区）	唐菖蒲、樱花、矢车菊、天人菊、薄荷、薰衣草、牡丹、矮牵牛、郁金香、睡莲等
中间性植物	无要求	广泛	月季、扶桑、天竺葵、美人蕉等
短日照植物	<12h	低纬度（热带、亚热带和温带）	菊花、大丽花、紫花地丁、长寿花、一品红、牵牛花、蒲公英等

表 3-6 以光为主导因子的植物生态类型

植物分类	光照强度	环境	植物种类	
阳性树种	全日照 70% 以上	林木的上层	月季、紫薇、木槿、银杏、泡桐及大部分针叶植物等	
中性树种	全日照的 5%~20%	植物群落中下层或生长在潮湿背阴处	中性偏阳	樱花、碧桃、山桃、榆叶梅、黄刺玫、月季、木槿、石榴等
			中性稍耐阴	圆柏、槐、七叶树、太平花、丁香、红瑞木、锦带花等
			耐阴性较强	云杉、冷杉、矮紫杉、粗榧、罗汉松、天目琼花、珍珠梅、绣线菊、常春藤等
阴性树种	80% 以上的遮阴度	潮湿、阴暗的密林	木本植物几乎没有	

从植物的外部形态上可以大致推断植物的耐阴性，树冠呈伞形者多为喜光树，呈圆锥形且枝条紧密者多为耐阴树（耐荫树）。枝条下部侧枝早落者为喜光树，繁茂者为耐阴树。叶幕区稀疏透光、叶色淡而质薄者为常绿树，叶寿命短者为喜光树。叶幕区浓密、叶色浓深而质厚者为常绿树，其叶可在枝条上生活多年者为耐阴树。针叶树之叶身为针状者为喜光树，扁平或呈鳞片状者，叶表、叶背分明者为耐阴树。阔叶树中常绿者多为耐阴树，落叶者多为喜光树或中性树。

植物的耐阴性还受年龄、气候、土壤等因素影响。比如幼苗阶段，植物的耐阴性强；温暖湿润的环境下，植物的耐阴性强；寒冷干旱的环境下，植物的趋光性强；肥沃湿润的土壤中，植物的耐阴性强。

④光污染与植物。
科学研究已经证实光污染对生命体的健康有着很大的危害，比如人工白昼可能会破坏昆虫在夜间的正常繁殖过程，许多依靠昆虫授粉的植物也会受到不同程度的影响。此外，光污染还破坏了植物生物节律，特别是夜间长时间、高辐射作用于植物，会使植物的叶或者茎变色，甚至枯死。如梧桐、刺槐的叶子，如果长期受强光照射，其密度会降低，并慢慢枯死；长时间的夜间灯光照射，还会导致植物花芽过早形成，并影响植物休眠和冬芽的形成。当然，光污染的危害远不止这些，在城市规划阶段就要为植物及其他生物创造一个健康的光照环境。另外，对于城市繁华的地段、城市交通要道，以及必须长时间、高亮度照明的区域，应栽植对光不敏感的植物，如银杏、山荆子、黑松、豆梨等。

(4) 空气因子。
植物的生长离不开空气。空气中的氧气是植物进行光合作用、呼吸作用必不可少的物质。二氧化碳是植物进行光合作用必需的物质。

①空气湿度与植物。
空气湿度影响植物蒸腾作用，以及植物体内水分、养分的平衡。当空气湿度小时，植物蒸腾旺盛，吸水比较多，植物对养分的吸收也多，生长就加快。所以在一定程度上，空气湿度小对植物反而是有利的。如果空气中水分达到饱和，植物的生长会受到一定程度的抑制，而湿度过低可能导致干旱，特别是高温低湿，危害更加严重。

②空气污染与植物。

在现代城市中,由于大规模的工业生产,空气中充斥着很多有害的物质,如二氧化硫、氯化氢和氯化物、光化学烟雾、氟化物等,植物对于这样的环境有着不同的适应能力和抵抗能力。比如,当二氧化碳浓度过高时,植物会表现出受害症状,针叶树首先在两年生以上的针叶上出现褐色条斑,或叶色变浅、叶尖变黄,并逐渐向叶基扩散,最后针叶枯黄脱落;阔叶树则多数在叶脉间出现褐色斑点或斑块,颜色逐渐加深,最后脱落死亡。

空气污染与植物的抗性见表3-7。

③风与植物。

空气的流动形成风。就大气环流而言,风分为季候风、海陆风、台风,以及在局部地区因地形影响而产生的地形风(俗称山谷风)。

表3-7 空气污染与植物的抗性

污染物	污染源	植物对空气污染的抵抗能力		
		强	中	弱
二氧化硫	以煤为主要能源的工厂(如发电厂)、燃煤锅炉的供暖点等	山皂荚、国槐、刺槐、加杨、银杏、臭椿、小叶白蜡、欧洲红豆杉、茶条槭、榆树、大叶朴、梓树、黄檗、垂柳、馒头柳、杜梨、丁香、胡桃、龙柏、太平花、紫穗槐、野蔷薇、木槿、珍珠梅、雪柳、黄栌、柿、小叶黄杨、云杉、连翘、山楂、火炬树、紫薇、地锦、五叶地锦、大叶黄杨、对叶榕、黄槿、蒲桃、九里香、夹竹桃、女贞、无花果、蚊母树、山茶、冬青、油橄榄、棕榈、厚皮香、月桂、石榴、胡颓子、柑橘、丝棉木、美人蕉、狗牙根、野牛草、细叶结缕草等	小青杨、小叶杨、旱柳、山荆子、北京杨、钻天杨、金银花、西府海棠、榆叶梅、栗、合欢、接骨木、白皮松、凤凰木、大叶合欢、枫杨、八角金盘、木棉、木芙蓉、黄栀子、变叶榕、苏铁、广玉兰等	油松、辽东冷杉、黄花落叶松、红松、侧柏、青杆、杜松、黄金树、山杏、雪松、马尾松、湿地松、水杉、黄刺玫、羊蹄甲、荔枝、龙眼、木瓜、杨桃、华山松、杜仲、小叶女贞等
氯化氢和氯化物	化工厂、农药厂、塑料厂、玻璃厂、冶炼厂、自来水厂	梨、国槐、泡桐、龙爪柳、胡颓子、白皮松、侧柏、丁香、山楂、金银花、连翘、锦熟黄杨、大叶黄杨、五叶地锦、地锦、夹竹桃、木槿、桂花、海桐、山茶、白兰、金钱松、苏铁、玫瑰、月季、苜蓿、鸡冠花等	桑、加杨、树锦鸡儿、文冠果、刺槐、银杏、杜梨、枸杞、白榆、梓树、栀子、丝兰、醉蝶花、蜀葵等	香椿、枣、红瑞木、黄栌、圆柏、旱柳、南蛇藤、海棠、苹果、榉栎、毛樱桃、小叶杨、钻天杨、连翘、鼠李、油松、山桃、榆叶梅、黄刺玫、胡枝子、水杉、茶条槭、雪柳、华山松、白皮松、核桃、柿等
光化学烟雾	车流量大的城市,尤其是主要交通干道	银杏、圆柏、侧柏、柳杉、日本扁柏、樟树、海桐、青冈、夹竹桃、海州常山、日本女贞、连翘、冬青、刺槐、臭椿、旱柳、紫穗槐、桑树、毛白杨、白榆等	锦绣杜鹃、东京樱花等	垂柳、大花栀子、胡枝子、木兰、牡丹等
氟化物	使用水晶石、萤石、磷矿石和氟化氢的企业	梨、国槐、臭椿、泡桐、龙爪柳、胡颓子、白皮松、侧柏、丁香、山楂、金银花、连翘、锦熟黄杨、大叶黄杨、地锦、五叶地锦、玫瑰、苜蓿、夹竹桃、木槿、桂花、海桐、山茶、白兰、金钱松、苏铁、月季、鸡冠花等	刺槐、接骨木、桂香柳、火炬树、君迁子、杜仲、文冠果、紫藤、华山松、油茶、乌桕、紫薇、柳杉、水杉、圆柏、石榴、冬青、卫矛、牡丹、米兰、无花果、晚香玉、长春花等	杏、李、梅、榆叶梅、山桃、葡萄、白蜡、油松、柑橘、柿、华山松、香椿、天竺葵、珠兰、菖蒲等

风依其速度通常分为12级，低速的风对植物有利，高速的风则会使植物受到伤害。

风对植物有利的方面是可以帮助其授粉和传播种子，如银杏雄株的花粉可顺风传播到5km以外。风又可传播果实和种子，带毛植物如杨柳科（春季飞絮）的种子可随风传到很远的地方。

风对植物有害的方面是从生理和物理上伤害植物。风可加速植物的蒸腾作用，尤其是春夏生长期的旱风、焚风会给农林生产带来严重的损失，而风速较大的飓风、台风等则会吹折植物枝干或使植物倒伏。海边地区常有夹杂大量盐分的潮风，会使树枝被覆上一层盐霜，导致树叶及嫩枝枯萎甚至全株死亡。同时，强风也会造就植物独特的外貌和特殊的结构，如果当地盛行的是同一方向的强风，植物通常形成旗形树冠，称为旗形树，如图3-3所示。强风还会影响植物根系的分布，一般在背风面的根系特别发达，可以起到支撑作用，增加植物的抗风力。

植物的抗风能力差别很大。一般情况下，树冠紧密呈塔形、叶面积小、材质坚韧、根系发达、深根性的树木抗风能力较强；与此相反，树冠宽大、枝条开展轮生、材质柔软或硬脆、根系不发达、浅根性的树木抗风力较弱。此外，同一植物的抗风能力又与立地条件（生长环境）和繁殖方法密切相关，比如土壤疏松且地下水位较高地区的树木容易倒伏；孤立木或者稀植的树木要比密植的树木容易倒伏；扦插繁殖的树木的根系往往较浅，容易倒伏。

（5）土壤因子。
植物的生长离不开土壤，土壤可以提供植物需要的水分、养分，因此土壤是影响植物生

图3-3 旗形树——迎客松
由于风蚀的作用，植物的枝叶只生长在树干的一侧，远看就像一面绿色的旗子插在地上，形成独特的风景。

长、分布的又一个重要因子。

土壤根据其质地、结构、孔隙度等物理性质，可以分为砂土、壤土、黏土。

砂土：颗粒粗，疏松，大孔隙多，通气透水力强；保水、保肥能力差，易干旱。

壤土：质地均匀，物理性质良好，是较好的土壤；通气透水，有一定的保水、保肥能力。

黏土：质地黏重，结构致密；通气透水性差；保水、保肥能力强。

土壤酸碱度即土壤pH值，衡量土壤酸、碱性的指标，以土壤浸提液中氢离子浓度负对数来表示。

土壤类型及相应的植物见表3-8。

表 3-8 土壤类型及相应的植物

土壤类型	土壤属性描述	适应该种土壤类型的植物
酸性土	pH<6.5，分布于南方高温多雨地区，如南方红壤、黄壤	柑橘类、山茶、白兰、珠兰、构骨、肉桂、杜鹃、马尾松、石楠、油桐、吊钟花、马醉木、栀子、红松、印度榕及大多数棕榈类植物等
中性土	pH6.5～7.5，大多数的土壤	大多数植物，如菊花、矢车菊、百日草、杉木、雪松等
碱性土	pH>7.5 的土壤	侧柏、新疆杨、合欢、文冠果、黄栌、木槿、柽柳、油橄榄、木麻黄、紫穗槐、沙枣、沙棘、非洲菊、香豌豆等
盐碱土	盐土的 pH 值为中性，碱土的 pH 值为碱性，分布于沿海地区、西北内陆干旱地区或者地下水位高的地区	侧柏、杏、柽柳、白榆、加杨、小叶杨、食盐树、杞柳、旱柳、枸杞、刺槐、臭椿、紫穗槐、黑松、皂荚、国槐、白蜡、杜梨、桂香柳、乌桕、合欢、枣、钻天杨、胡杨、君迁子等
肥沃土壤	养分含量高的土壤	多数植物，但对于喜肥的植物尤为重要，如胡桃、梧桐、梅花、牡丹等
贫瘠土壤	养分含量低的土壤	马尾松、油松、木麻黄、酸枣、小檗、小叶鼠李、金老梅、锦鸡儿等
沙质土	砂粒含量在 50% 以上，沙漠、半沙漠地区多见	沙柳、黄柳、骆驼刺、沙冬青等
钙质土	土壤中含有游离的碳酸钙	柏木、臭椿、栓皮栎等

(6) 地形地势因子。

不同方位山坡的气候有很大差异，例如在山的南坡光照强，土温、气温比较高，土壤较干，而山的北坡则正好相反。在北方，由于降水量少，因此土壤的水分状况对植物生长的影响极大，因而在北坡可以生长很多乔木，植被繁茂，甚至一些喜光树种也会生于阴坡或半阴坡；在南坡，由于水分状况很差，因此只能生长一些耐旱的灌木和草本植物，但是在雨量充沛的南方，阳坡的植被生长得就十分繁茂。此外，不同的坡向对植物冻害、旱害等也有很大影响。

地势的陡峭起伏、坡度的缓急等，不但会导致小气候的变化，而且对水土的流失与积聚都有影响，因此可直接或间接地影响树木的生长和分布。

山谷的宽度、深度及走向变化也能影响植物的生长状况。

(7) 生物因子。

生物有机体不是孤立存在的，它们之间存在着各种联系，这种联系既存在于种内个体之间，也存在于不同的种间，有的是有利的相生，有的是有害的相克。不同植物组合，如果一方的存在有利于另一方的生长，可以相互促进，则互为"相生植物"；反之，一方的存在导致另一方的生长受到限制甚至死亡，或者两者的生长都受到抑制，则互为"相克植物"。当进行植物配置时，要区别哪些植物可"和平共处"，哪些植物"水火不容"。

植物之间的相互作用如表 3-9 所示。

3. 植物群落

植物群落是指一定的生态环境条件下，植物占据了一定的空间和面积，按照自己的规律生长发育、演替更新，并同环境发生相互作用而形成一个整体，在环境相似的不同地段有规律地重复出现。植被（vegetation）就是一个地区植物群落的总和。

表 3-9　植物之间的相互作用

作用		相互作用的植物
相生	相互促进	皂荚 + 黄栌 / 百里香、牡丹 + 芍药（间种促进牡丹生长）、葡萄 + 紫罗兰（葡萄香味更浓）、红瑞木 + 械树、接骨木 + 云杉、核桃 + 山楂、板栗 + 油松、朱顶红 + 夜来香、石榴花 + 大阳花、一串红 + 豌豆花、松树 / 杨树、锦鸡儿、百合 + 玫瑰
	控制病虫害	金盏花 + 月季（土壤线虫）、杨树 + 臭椿（蛀干天牛）、山茶 / 茶梅 / 红花油茶 + 山苍子（煤污病）、苦楝 / 臭椿 / 杨 / 柳（光肩星天牛） 注："（ ）"内是控制的病虫害种类
相克	抑制生长，甚至导致死亡	桃 + 杉树、葡萄 + 小叶榆、榆 + 栎树 / 白桦 / 葡萄、松 + 云杉 / 栎树 / 白桦、柏 + 橘树，接骨木 + 松 / 杨、丁香 + 紫罗兰 / 郁金香 / 勿忘草（互相伤害）、玫瑰花 + 木樨草、绣球 + 茉莉、大丽菊 + 月季、水仙 + 铃兰、玫瑰 + 丁香、刺槐 + 果树（抑制果树结果）、铃兰 + 丁香（丁香迅速萎蔫）；刺槐、丁香、稠李、夹竹桃会危害周围的植物；胡桃的根系分泌物（胡桃醌）毒害松树和苹果；海棠等蔷薇科植物、马铃薯、番茄、桦木和多种草本植物、侧柏可使周围植物的呼吸作用减缓
	互为寄主，传播病虫害	南洋二针松（油松、马尾松、黄山松等）+ 芍药科 / 玄参科 / 毛茛科 / 马鞭草科 / 龙胆科 / 凤仙花科 / 萝摩科 / 爵床科 / 旱金莲科（二针松疱锈病）、松树 + 栎（栗）（锈病）、海棠 / 樱花 + 构树 / 无花果等桑科植物（桑天牛、星天牛）、圆柏 + 苹果 / 山楂 / 贴梗海棠（苹果锈病）、落叶松 + 杨树（青杨叶病）、垂柳 + 紫堇（垂柳锈病）、云杉 + 稠李（球果锈病）、洋槐 + 苹果 / 梨（果树炭疽病） 注："（ ）"内是互为寄主的病虫害种类

在群落内，共同生活的植物相互联系、相互作用形成一个有机的整体。环境条件越好，群落内的植物种类就越多，结构也越复杂，群落也越趋于稳定。

植物群落分为自然群落和人工群落。自然群落是指在长期的发展过程中，不同的气候条件及生态环境条件下自然形成的群落，有自己的外貌、结构及发展演替规律。如西双版纳热带雨林群落，在其最小面积（即能基本上代表群落种类组成的面积）中，往往有数百种植物，结构复杂，常有 6～7 个层次。东北红松林群落，最小面积中仅有 40 多种植物，群落结构简单，通常有 2～3 个层次。人工群落是指按照人类的需要把同种或不同种的植物配植在一起而形成的植物群落。植物造景中人工群落的设计，必须遵循自然群落的发展规律，并以自然群落组成、结构为依据，这样才能建立稳定、趋近自然群落的结构体系。

群落季节性的外貌称为群落的季相。群落结构随时间流逝呈现明显的变化，群落中各种植物也随之有规律地生长发育，其中温带地区四季分明，群落的季相也特别明显。春季萌发新芽并开花；夏季枝叶繁茂；秋季树叶变黄或变红；冬季树叶凋落，只有枝干耸立。

在园林中，植物色彩的变化直接影响整体的景观效果，设计师应格外关注。

3.1.2　水体

水是万物之源，孕育众生。自古以来，人们就钟爱水，亲近它、研究它、赞美它。毫不夸张地说，水就是园林的灵魂。从中国古典园林到西方园林，从公园景观到城市广场，水无处不在，它给环境注入了活力，带来了生气。

水作为最令人心动的设计元素之一，具有极强的可塑性，不仅有不同的形态，而且有高度的变化性与弹性，如平展如镜的水面、潺潺的溪流、跳动的泉水、跌宕的瀑布等，随之而来的还有潺潺水声与戏水的欢歌，这一切都是设计中魅力十足的元素。

水体能使园林产生很多生动活泼的景观，形成开朗的空间和透景线，是造景的重要元素之一。较大的水面有利于形成湿润的空气，调节气温；水可以吸收灰尘，有助于保持环境卫生；水还可以养鱼或种植水生植物。

1. 水的观赏特性

水除了能够维持生物生存之外，还具有多彩的光影、悦耳的声响，有着与众不同的观赏特性，如图3-4所示。

图3-4　充满吸引力的水体　王涛 摄
圆形的水池分为上下两层，一层承接喷泉的落水，之后又落入最低一层的水池里。水池边界做加宽处理，可供人休息。喷泉四周装满了五颜六色的灯，夜幕降临，水就有节奏地喷洒、跳跃。

（1）水的可塑性。

水在常温状态下是流动的液体，具有不稳定性和流动性。水本身并没有固定的形状，水的形状随着承载容器的变化而变化。因此，人们可以根据地形、现有环境的需要来设计水的形式，即设计不同大小、颜色、质地、形状的容器，使水呈现不同的形态。容器表面材料的质地也影响着水的流动。当水量相等时，如果容器表面材料的质地比较光滑，水则比较容易流动，水面也相对平静，但在质地比较粗糙的沟渠中，由于存在障碍，水的流速会较慢，而且容易形成湍濑。在设计时可以充分利用水的这一特性。即使在浅池中，也可以通过改变池底的纹理、质地创造波光粼粼的效果，如图3-5、图3-6所示。图3-7是由玛莎·施瓦茨设计的索沃广场（Sowwah Square），她巧妙地将石凳和水体结合，创造出清凉、有趣的景观设施。此外，由于重力作用，高处的水具有动能，由高处

图3-5　池底的纹理1　付晓峰 摄
浅池中采用滚水坝与肌理变化相结合的设计方式，可以使水体产生多样的景观效果。

图3-6　池底的纹理2　付晓峰 摄
在不足18cm的浅池中设计3个高度层次的变化，每个层次在高度的变化上都很小，但是肌理变化非常丰富，使浅浅的池水形成丰富的水流变化。

图3-7 索沃广场
位于阿拉伯联合酋长国首都阿布扎比,由玛莎·施瓦茨设计。为了制造清凉的感觉,设计师在包裹着绿植堆体的长石凳上运用了水元素,休息的人们可以和水亲密接触。设计师在十分有限的空间里,利用石凳中间带有纹理的凹槽,创造了一种水流湍急的动态效果。

向低处流动,高差越大,动能越大,流速也越快。众所周知,水可以从液态转化为固态,如冰、雪。在万物萧条的严冬,冰雪在阳光的照射下会变得更加风采动人。

(2)水面的倒影。

平静的水面就像一面镜子,能够清晰地映出周围环境中的景物,植物、建筑、天空等在水中的倒影清晰鲜明,如真似幻。当微风拂过,水面泛起涟漪,便失去了清晰的倒影,景物的成像形状破碎,水面色彩斑驳,给人空蒙虚幻之感,如图3-8所示。当阳光洒在透明的水面上,借着反射和折射,呈现闪闪发光的美丽景象;晚霞落日倒映水中,成为人人惊叹的绝妙佳景。

(3)水体的状态。

园林水体分为静态水景和动态水景两类。前者如湖、池等,后者如河、溪、涧、瀑、泉等。由于广场的面积有限,因此广场上一般不会出现大面积的自然水体,如河、湖等,多以人工制造的水池、水渠、喷泉、跌水、叠水、瀑布等形态出现。平静的水体,多见于水池或流动极为缓慢的水流中,其作用是强调景观、倒映景物。不同的水会使人产生不同的视觉感受。即使同是静态的水,无风时安详宁静,微风时重影浮动,狂风时波涛汹涌,也会产生截然不同的画面效果。与静水相反,流动的水具有活力,令人兴奋和激动,加上潺潺水声,很容易引起人们的注意。动态水景在广场设计中有许多用途,既可以屏蔽噪声,又可以作为吸引人们视线的焦点。

(4)水的听觉美。

水本身是无声的,但在特定的条件下,水和周围的物体发生碰撞后,会产生声响。根据水的流量和形式,可以创造多种音响效果。有的水声使人平静,如涓涓细流、淙淙小溪、悠悠滴露,好似天籁之音,将人带入回忆;有的水声则使人感到兴奋、激动,如惊涛拍岸、飞瀑流泉,让人的心情起伏不定。现在更有各式各样的音乐喷泉、声控喷泉,水声和着音乐,让人浮想联翩。美国佩雷公园(Paley Park)利用流水的声音屏蔽了城市噪声。如图3-9所示,公园占地390m²,是新形式的城市公共空间,标志着口袋公园的正式诞生。在公园入口位置,是一条四级的阶梯,两边是无障碍斜坡通道。整个公园地面高出人行道,将园内空间与拥堵的人行

图3-8 平静水面可以形成亦真亦幻的水面倒影
五彩阶梯喷泉的水面反射映出新凯旋门的倒影,池水中的世界清晰而沉静,水上的真实与水中的虚幻紧密衔接,让人沉浸在梦幻般的世界里。

图3-9 美国佩雷公园
位于美国纽约53号大街,由美国现代景观设计师罗伯特·泽恩设计。公园三面环墙,前面是开放式入口,面向大街。6m高的水幕墙瀑布是整个公园的背景,瀑布制造出来的流水的声音,掩盖了城市的喧嚣,为人们提供了一个安静的城市绿洲。

图3-10 亲水是人的天性 石平 摄
在圣路易斯市中心的购物中心广场,一个不大的水池可以让孩子们快乐地玩上一整天,家长们也可以享受水带来的清凉。水池边沿加宽的设计,为家长们提供了休息的地方。

道分开。公园主体区域是树阵广场,每棵皂荚树间距3.7m,能为游人活动提供足够宽敞的空间。公园左右两面墙覆盖着藤本植物,还有五颜六色的花朵,赏心悦目。后面的水景瀑布作为景墙正对公园入口,具有很好的观赏效果。到了晚上,瀑布还能射出霓虹灯光,引人注目。公园将不同的材质、色调及声音元素融合在一起,营造了轻松的氛围。比如铁丝网做成的椅子搭配大理石材质的小桌台,精巧且不影响周围的环境;广场地面不是用水磨面、混凝土铺装,而是用粗糙的方形小石块铺装,富有自然情趣。

(5)水的触觉美。
水对人们的生理和心理起着重要的作用,可以吸引人们的注意力,让人们既能缓解压力,又能放松自己。人在心理上都具有亲水性,喜欢浸泡在水中的清凉感觉。如图3-10、图3-11所示,人们喜欢在水中嬉戏玩耍,尤其在炎热的夏天,人们愿意直接感受水的清澈、纯净、凉爽。

图3-11 人与水亲密接触 付晓峰 摄
在炎炎夏日,三五好友围坐在水池边,一边畅谈人生,一边享受水带来的清凉。

(6)寓意深厚的哲理性。
老子所著的《道德经》中有一段关于水的精辟论述:"上善若水,水善利万物而不争;处众人之所恶,故几于道。"他认为有道德的人,就像水那样,总是滋润着万物;水性柔弱,顺其自然而与世无争,又甘心去别人所不愿去的低洼之地。"熟能浊以止,静之徐清?熟能安以久,动之徐生?"浑水静下来慢慢就会变清,安静的东西积累深厚会动起来而产生变化。老子认为有道德的人,都有如水一般的性格,他给予水极高的拟人化评价。

在古代有一种盛水器，不盛水或盛水少的时候，器物呈倾斜状，故称欹器。往欹器内倒水至一半时，欹器逐渐变水平，水满后会洒出来，之后欹器又恢复倾斜状。由于欹器的倾斜形态好似弯躬行礼，而水满则倾覆，因此以之寓意"满招损，谦受益"。如图3-12所示，很多设计师借欹器之形寓意人生哲理。

图3-12 根据欹器原理设计的水景 李科 摄
这是沈阳植物园内的水景。水少则倾，中则正，满则覆，寓意"满招损，谦受益"。

2. 水体景观的应用形式

园林中的水体好似画面的留白，使得园林虚实相生、刚柔并济。水体根据客体的特性主要分为两种应用形式：自然式水体与规则式水体。

自然式水体可以是人造的，也可以是自然形成的。外形通常由自然的曲线构成。

规则式水体是由人工建造的蓄水容体，边缘线条挺括分明，外形多为几何形，适用于人为支配的环境。

水体根据流动状态可以分为静态水体和动态水体。所谓静态水体是相对动态水体而言的，静态水体只是说明它本身没有声音，很平静。然而这些都是人的主观视听感受，静态的水其实多数也是在动的，只是流动缓慢，让人感觉不到它在动。如果水体完全静止，不及时清理将污浊不清，难以成为优质的园林水景。大自然的风会使水变为动态，由此产生富有观赏性、象征性、文化性、哲理性的人文精神内涵，这是中国五千年文明的体现，也是中国园林理水的传统特色。因此，静态的水，虽无定向，却能表现深层次的、细致入微的文化景观。

总之，人工水体多是在模拟大自然，因为大自然水体的形、声、色是十分丰富的。

（1）池。

池多是由人工挖掘而成，或用固定的容器盛水形成，其面积可大可小，外缘线硬朗而分明。广场的水景以水池居多，池底、池壁都是人工打造的，面积较小，形状多是简单的几何图形或几何图形的组合，可方、可圆、可直、可曲，适合近观，给人的感觉或是古朴野趣，或是现代简约。水池的位置要根据所处的具体环境条件和广场所要突出的主题而定。

根据水池的形状、大小可将其分为点式、线式和面式水池，如图3-13～图3-17所示。

点式水池是规模最小的水池，包括露盘、小型喷泉和瀑布的池面等，它在广场景观中多

图 3-13　点式涌泉水池　王涛 摄
此涌泉水池布置在一个小花园里，以高大的绿篱为背景，碗形容器做得小巧而精致，为炎热的夏天带来丝丝清凉。

图 3-16　开阔的面式水池 1　王涛 摄
开阔的"T"形水池强调景观的轴线，环绕水池的树木倒映在无波的水面上，在天空的映衬下烘托出平静、舒缓的气氛。

图 3-14　点式喷泉水池　王涛 摄
该喷泉水池的面积虽小，仅能承接喷泉散落的水珠，但是在封闭的树林间，依然能给人清凉的感受，创造静谧的气氛。

图 3-17　开阔的面式水池 2　王涛 摄
开阔的景观空间，利用两侧的乔木控制视线的方向，将视线引至巨大的喷泉处，宽阔的草坪、水池形成的轴线成为背景。

点式水池通常与面式水池结合组景。

面式水池是指规模较大的水池，可点缀水生植物，活化水体，若有造型优美的建筑物在水边，则其在水中的倒影也可成为赏心悦目的景观。

图 3-15　细小的线式水池　施继光 摄
林下的休闲广场，利用细小的水流将方形、圆形等点式水池景观串联成一个整体。

以点景的形式出现，可以活化景观空间。线式水池指水面比较细长的水池，起到划分空间的作用，其外形可以是直线、曲线或折线。

水池是静态水体，可布置在广场上用以映照天空或地面景物，形成镜面反射，扩大景深，使景与影虚实结合。池水的反射与水池和物体的相对位置、池水的深度等有关。为了呈现水中倒影，可采用深色池底，如图 3-18 所示。为了不破坏物体在水中的倒影，池边应

第3章 广场的空间设计

图3-18　与雕塑结合组景的浅池　李科 摄
为了增强镜面效果，可将水池底部颜色加深，这样即使池水很浅也能产生良好的反射效果。

配置整齐的植物，避免过于杂乱。

（2）叠水与跌水。

叠水和跌水是园林设计中常用的水景处理方式，它们相似却又不完全一样，因为是两种不同的景观处理方法，所以表现力也不同。简单来说，叠水是指水分层或水呈台阶状连续重叠流出，是水横向铺展的过程，如图3-19所示。跌水是沟底为阶梯形，水呈瀑布式跌落，是纵向跌落的过程，如图3-20所示。叠水的横向铺展过程，要大于纵向跌落过程，因而它适于平面的水景表现；而跌水纵向的下落，要大于横向铺展过程，所以它在纵向的立体空间中有很好的表现力。不过，叠水也有水下落的过程，而跌水也同样有横向铺展的过程，因此这两种水景处理方式较难区分，特别是在中小型水景的处理上，叠水有时也是跌水。设计师往往会把叠水和跌水结合在一起，使水景层次更丰富。

根据落差大小，跌水可分为单级跌水和多级跌水。根据跌落方式，跌水又可以分为直跌式和陡坡式两种，即一种是水流呈自由落体状态直接跌入下游段，如瀑布、水帘、水幕等；另一种是水流沿斜坡面流动，和下游连接，如

图3-19　叠水　刘星明 摄
水体分为3级，从最顶层的出水口漫过水平面向四周滑落，一部分水体沿着旋转的坡面顺势滑落，另一部分水体沿着台阶连续重叠落下。当水体压力与水量比较小时，水会缓慢滑溢，当水体压力与水量比较大时，水会湍急垂落。

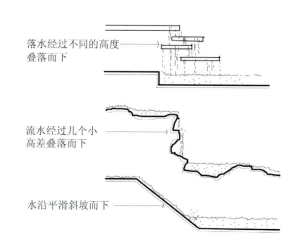

图3-20　跌水示意图

图3-21～图3-26所示。广场设计中常见的陡坡式跌水有水墙瀑布，顾名思义，就是由瀑布形成的墙面，通常是用泵将水打到墙体的顶部，水沿墙（或斜坡）流下，形成连续的帘幕，

图 3-21　跌落的瀑布　施继光 摄
根据环境的需要，将高架桥上的条形水池，设计成下层的人工瀑布，巨大的落差所产生的水声，将人们的注意力吸引过来。

图 3-22　瀑布——跌落的水体　施继光 摄
模仿自然瀑布，让水垂直跌落到水池中，产生悦耳的、极富动感的声音，景观效果与高差和水量有直接关系。

图 3-23　瀑布式跌水
西班牙巴塞罗那的加泰罗尼亚国家艺术博物馆，馆前设计三层跌落的瀑布，两旁冬青夹道。虽然是人工瀑布，但是它气势如虹，如玉龙下山，飞珠溅玉。

图 3-24　水帘——朱莉·彭罗斯喷泉
四层楼高的银色圆环内，有多条水柱一齐喷向中心部位，形成细密的水流。

图 3-25　新加坡财富喷泉　王涛 摄
财富喷泉由四根倾斜的青铜巨柱组成，柱顶是一个直径 66m 的青铜圆环，高 13.8m。取意于佛教思想，以巨环象征完整与圆满。整个喷泉占地 1683.07m²，喷出的水柱可达 30m。

图 3-26　陡坡式跌水　施继光 摄
水沿着倾斜的墙体滑落，斜面上的肌理变化使水面产生波光粼粼的效果。水又经过凸出来的水道，跌落到方形的水池中。

观赏效果在于阳光照在其表面会显得湿润、有光泽。斜坡表面所使用材料的粗糙程度直接影响跌水表面效果，跌水表面或平滑，或细波粼粼，或形成图案。

（3）溪流。

溪流是自然山涧中的一种流水形式。一般在线性沟槽内流经较平缓的斜坡，它的形态、声响和它的流量、坡度、沟的宽度及沟底的质地有很大关系，可以产生不同的景观，如图 3-27 所示。在溪流的两旁配植以湿生植物，则会形成迷人的田园风光。

（4）喷泉。

喷泉是利用压力，使水自管孔喷向空中，水到一定高度后，又自由落下的一种景观。喷泉通过控制喷嘴的构造、方向，来控制水压、水量、喷水高度等技术性问题。喷泉可以分为多层喷花式、双开屏式、涌泉式、跳跃式等形式，形成喷雾状、扇形、柱形、弧线形、蒲公英球形、壁泉、水柱等多种外在形式，如图 3-28 所示。也有学者将跌水、叠水归类为喷泉。

图 3-27 蜿蜒曲折的小溪

人工开凿的线性溪流，虽然池浅，但是经过特殊的处理，水的流动性很强。池底精心设计了各种肌理的变化，或浅或深、或宽或窄、或粗糙或细腻，水体亦随之产生丰富的变化。

喷泉根据承接落水的方式可以分为水池喷泉和旱喷泉。水池喷泉是由人工构筑的或天然的泉池，以优美的水姿向外喷水，供人们观赏，也可与其他要素结合组景，如图 3-29、图 3-30 所示。旱喷泉，又称旱式喷泉、旱地喷泉，简称旱喷，是指将喷泉设施设置在地下，在喷水时，喷出的水柱通过盖板或花岗岩等铺装孔喷出来，不喷水时，铺装图案清晰、表面整洁开阔，如图 3-31、图 3-32 所示。水池、喷头、灯光均隐藏在盖板下方，

图 3-28 喷泉的形式
李科 摄

不同的喷嘴会产生不同的喷泉效果，如伞形、喇叭花形、蒲公英形、水柱形等，水体呈散开状、水线状、水段状等，水体有从下向上喷落的、从上向下散落的或者遵循固定轨迹流动的。

图 3-29　水池喷泉　王涛 摄
大部分喷头会裸露在外，当喷泉不喷水或者水池中没有水的时候，管线、灯具、喷头等设施会裸露出来，影响景观效果，尤其是寒冷地区，冬季较长。应尽量避免以喷泉为单一景观，水体可以与其他要素结合组景。

图 3-32　旱喷泉　石平 摄
炎炎夏日，水体成为孩子们的快乐源泉。喷泉采用防滑地面，沿用广场原有的铺装形式与材料，保持视觉上的一致性。

图 3-30　与雕塑结合的水池喷泉　王涛 摄
喷泉分为 3 个层次，层层跌落水池中。喷头与雕塑结合，设计得非常隐蔽、巧妙。

既能突出喷泉的观赏效果，又可以供游人通行，还不占用休闲场地。

设计喷泉时需要注意防止水的泼溅及季节的影响。泼溅是喷泉及落水设计中最容易发生的问题。一般来说，水池的宽度至少要达到喷水高度的两倍，在行风的地方应该达到四倍。水景周围的铺装如使用大理石等材料，会因溅水而变得湿滑，所以应注意防止滑倒跌伤。另外，在喷水池与其周边相连的地方，应向水池方向设置一个坡度进行排水，以防止溅出的水外溢。如果水池的边界高出地面，则应在其外围设置排水设施。如图 3-33 所

图 3-31　旱喷泉
将喷水管、水池隐藏在地面以下，可以避免在寒冷的冬季或没有水的情况下影响景观效果。旱喷泉是更容易与人产生互动的一种喷泉形式。

图 3-33　迪拜音乐喷泉
迪拜音乐喷泉是吉尼斯世界纪录认证的世界最大喷泉，喷泉的覆盖面积相当于两个足球场的大小，喷泉配有 6600 个灯光和 50 个彩色投影机。喷出的水柱有 1000 多种变化，把烟花效果、舞蹈动作配上音乐通过喷泉表现出来，相当美妙、壮观。

示，迪拜音乐喷泉是目前世界上喷射高度最高的喷泉，最高可以喷到150m，相当于50层楼的高度，其总长度为275m。

在冬季，寒冷地带的喷泉在适宜的条件下，可以产生大小不同、形状各异的冰堆，如图3-34所示。冰本身对喷泉的损害较小，但冰堆的重量会引起管线系统的一些问题，加大管道系统支撑力的负荷。在寒冷地区，由于冬季较长，水景设计要考虑枯水期的效果，使水体在冬夏都能成为美化环境的景观。对以硬质铺装为主的池底、池壁及驳岸，要采取防冷胀措施，避免其因水受冻膨胀而开裂或隆起。

现代的喷泉景观，已由单纯的观赏性向参与性、自娱性转化，满足人们近水、亲水、玩水的需要，因而出现了可进入式喷泉、互动式喷泉等，它们具有声感、光感、震动感应等。比如人在喷泉上走时，喷泉突然喷水，并根据重力的大小调整水柱的高度；人用脚踩在铺装的钢琴键上，喷泉发出音乐同时喷出相应高度的水柱；池边安装受话器，可根据所接收声音的音量来变频控制喷泉水柱的高度；人通过触摸改变喷泉水柱的颜色或水流方向、形态，喷泉会产生水雾、气泡甚至跳出彩球和奖品等，给人带来轻松愉悦的心情。

在实际的应用中，水体的形式不必作过多区分，更多的是将各种形态的水体结合在一起布置，如喷泉池与跌水钵、瀑布与跌水、叠水与喷泉、溪流等的结合，如图3-35所示。

喷泉在广场中既可作主景，也可作配景，根据环境的需要可设于广场中心、入口处、景观建筑前、雕塑周边、角隅等。喷泉以其动态的景象引人注意，烘托整体环境的气氛，如图3-36～图3-39所示。

图3-34 "冰雪铠甲"
由于气温骤降，巴黎协和广场上的人鱼雕塑被冰雪包裹，披上了一层厚厚的冰衣，看起来就像是童话世界里的人。

图3-35 多水体结合组景
图为意大利的花园喷泉，是多个喷泉的组合，中心为圆形水池，四周为方形水池，形成规则的构图，顶端利用长方形水池明确构图的方向。

图 3-36 以水体为主景
英国伦敦的特拉法尔加广场，两个花形的水池是广场的主要景观，布置在广场的中心位置，巨大的水池吸引了众多的游人。

图 3-37 以喷泉为主体景观的广场
英国曼彻斯特市中心的皮卡迪利花园，坐落在繁忙的商业购物区内，一条斜向的铺装横穿广场并连接旁边的城市道路。椭圆形的喷泉，打破了广场呆板的构图。

图 3-38 水体布置在广场中心　刘星明 摄
喷泉与雕塑结合作为广场的主景，布置在广场的中心点上，并坐落在城市主要道路的轴线上。广场四周用花坛衬托水体的中心地位。

图 3-39 水体布置在广场一隅　刘星明 摄
在很小的水池上，布置景石和喷泉，石块漂浮在水柱上，感觉就像水柱将一块大石头喷起抬升至空中，是非常有趣的小景观。

（5）水雾景观。

水雾景观是特殊的喷泉。普通的水经过过滤系统的处理，确保整个系统在最佳条件下顺利运转，经过高压机组加压后，完成系统传输。经雾化喷头处理的水形成 0.01～0.15mm 的自然颗粒，雾化至整个空间，这些微小的雾颗粒能长时间漂浮、悬浮在空气中。单一喷头产生的水雾长可达 3～8m。水雾可以有效地调节环境的温度和湿度。水雾景观产生湿湿的细雾，慢慢地在空中弥漫，附近的景致随习习清风变得模糊不清，使人如入仙境，如图 3-40 所示。水雾中有时会出现彩虹，取决于太阳和观赏者的位置关系，观赏者在特殊视角有时会有萤火虫般闪亮的视觉感受。图 3-41 为彼得·沃克设计的哈佛大学的唐纳喷泉，喷泉位于学校繁忙的十字路口，旨在为人提供休息和聚会的场所。唐纳喷泉由一个 18m 直径的圆构成，内部是由一些同心但不规则的、近球形的石块组成的石阵，每块巨石的尺寸约为 1.2m×0.6m×0.6m，共 159 块花岗岩镶嵌在地面上。这些岩石围成一个圆形，中间是一团雾气，随灯光和季节的变化而变化。春、夏、秋三季，水散发出的薄雾像一层云笼罩着石头。当水雾被日光折射时，就会形成美丽的彩虹。夜晚，水雾在灯的映射下发出神秘而幽暗的光。冬季，这些在景观中，水体还可以与其他景观设施相结合，如台阶、步道、灯柱、幕墙、雕塑、园路及植物等，设计师可以巧妙借用这些设施，将水的种种美妙之处展示出来，如图3-42～图3-44所示。

3．水体在广场中的应用
（1）水体的尺度。
水景尺度是水景布局时要考虑的首要问题。面积占比不同的水景，会带给人不同的空间感受。小尺度水景是空间的点缀，能够提升空间品质，打造多样的空间；大尺度的水景能够成为广场的中心，起到聚焦的作用。广场中的水体也有可能是多块水体的组合。多块水体组合可以形成多样的空间，使水景更具表现力。因此，相同尺度水体以多块的形式呈现还是以单块的形式呈现是水景设计要考虑的问题之一。紧凑

图3-40　街头的水雾景观　李科 摄
水雾景观不仅能够营造雾气缭绕、恍若仙境的氛围，还可以大量吸收空气中的热量，实现快速降温。

图3-41　哈佛大学的唐纳喷泉
喷泉中心有一个直径6m、高1.2m的水雾景观，水雾由5个同心圆环状排列的喷嘴喷出的细小水珠形成。雾气营造了神秘优雅的氛围，吸引大批游人停留赏玩。

石头或是被学校的供暖系统所散发的蒸汽覆盖，或是被细腻的白雪覆盖。这一极简的设计，创造了丰富的景观体验。

图3-42　水体与雕塑、灯光结合组景　郭成涛 摄

图3-43　造型奇特的喷泉
喷泉与雕塑头像结合，不同的角度会形成不同的风景。

图 3-44 喷泉帆船
喷泉帆船坐落在瓦伦西亚的马尔瓦罗萨海滩，喷泉的造型是一艘帆船的骨架，喷泉射出的水流则巧妙地组成了船身和船帆，与灯光结合形成流光溢彩的视觉效果。

型的水面，可以形成大片水域，在空间中起到聚拢的作用；而形态比较分散的水景一般是有方向性和延伸感的，可以划分广场的不同空间。

（2）水体的布局。

水景在广场的位置也是水景设计的关键，水景布置在广场中不同的位置会产生不同的空间作用。水景位于广场中心时，表明水体是广场景观的焦点，是整个空间物质和精神的归属。其形式一般为紧凑型，能起到聚拢的作用。水景位于广场的边界时，既可以使广场与外部分割，又可以削弱广场的围合感，使广场拥有一个柔和的边界。若是采用瀑布等动态水景形式，还可以掩盖道路的噪声。水景位于特殊的位置时，比如位于广场的轴线上，可以作为局部主题或者起辅助、点缀的作用。水景能够起到组织空间、协调水景变化的作用，更能明确游览路线，给人明确的方向感。

（3）水体的安全性。

根据相关规范，人体非直接接触的观赏性景观用水，水质应达到地表水Ⅳ类标准，与游人接触的喷泉水质不得对人的健康产生不良影响。硬底人工水体的近岸 2.0m 范围内的常水位水深不得大于 0.7m；园桥、汀步及临水平台附近 2.0m 范围内的常水位水深不得大于 0.5m；控制常水位与驳岸高差，儿童戏水池最深处的水深不得超过 0.35m；池底不应有尖锐突出物，池底及周边活动区域铺装应采用防滑材料或防滑处理，并定期清理。护栏高度应大于 1.05m，其杆间净距应小于 0.11m，供幼儿使用的楼梯杆件净距不应大于 0.09m；栏杆不得采用易于攀登的构造和花饰，避免儿童翻越或从栏杆缝隙跌落。

3.1.3 铺装

地面既可以选择草坪、低矮灌木等有生命的覆盖物，也可以选择无生命的覆盖物或裸露的泥土，如图 3-45、图 3-46 所示。自然下垫面通过入渗、滞蓄、净化等功能对雨水径流起到控制作用，即自然下垫面具有"海绵效应"，像海绵一样具有吸水、蓄水、渗水、净水、释水的功能。在园林景观设计实践中，设计师有时会同时使用多种地面覆盖物。在这里我们主要探讨硬质的铺装材料，研究其在景观构图、功能方面的作用。硬质铺装材料相广场的铺装面积相对较大。《城市用地分类与规划建设用地标准》(GB 50137—2011) 规定以硬质铺装为主的城市公共活动场地为广场用地。一般广场所包含的陆地面积小于 5km² 时，园路及铺装场地用地比例宜控制在 20%～30%。

1. 地面硬质铺装的功能和作用

地面铺装不仅具有引导视线、提供游览方向、影响游览的速度和节奏、提供休息场所与空间的作用，还可以创造视觉趣味。

(1) 供长期、高频率使用。

地面铺装材料能够经受长期且大量的践踏磨损，某些铺装材料还能够承受车行的压力，能够阻隔光秃裸地的冲蚀和尘土，使用透气、透水材料还可以收集和利用雨水。如果地面铺装材料使用得当，可供长期、高频率使用，而不需要太多维修费用。

(2) 引导视线。

当地面被铺成带状或线形时，它便有指示前进方向的作用，如图3-47～图3-49所示。铺装的纹理发生变化，还会对行人产生提示作用，铺装材料可以引导行人穿越不同的空间序列。当铺装的色彩、质地或铺装材料本身的组合发生改变时，可以暗示空间

图 3-45　有覆盖物的地面
将草坪作为地面的覆盖物，可以与自然环境结合得更紧密，创造良好的景观效果，适合人口密度低、人流少、使用频率低的场地。设计师宜选择耐践踏的草坪种类。

图 3-46　裸露的地面
沙石裸露的地面显得更自然，会产生多样的触觉感受，增加许多乐趣。这种地面的透气、透水性较好。但如果大面积使用，风沙天气会产生扬尘，雨水冲蚀也会对路面产生影响。

对比较稳定、耐久，不易产生变化，还能利用不同材质、颜色、肌理等形成各种造型和图案。

图 3-47　线形的铺装
圆形的广场利用线形的铺装划分不同的区域——草坪区、林下活动区、穿行区。深色的铺装为横穿广场的人提供便利，指示前进的方向。

图 3-48　具有醒目颜色的铺装 1
深色铺装上利用醒目的橙色线条，产生极强的导视作用。

图 3-49　具有醒目颜色的铺装 2　施继光 摄
浅色的方形石材上，铺设深色的线形铺装，醒目且有极强的方向性，引导行人的视线和行进的方向。

用途和活动的改变。如图 3-50、图 3-51 所示，盲道上的点字块状铺装，就是用来提示盲人道路情况发生改变的。在高速路面上利用铺装颗粒的粗细变化来增加车辆轮胎的摩擦力，从而起到提示司机减速的作用。

图 3-50　盲道 1　李科 摄
盲道由两类砖组成，一种是条形引导砖，引导盲人放心前行；一种是带有圆点的提示砖，提示道路情况有变化。

图 3-51　盲道 2　李科 摄
在实际的施工过程中，经常出现错误的盲道铺设方式，无法为盲人指示正确的前进方向。因此，必须增强设计人员与施工方的有效沟通，严格验收。

铺装材料不仅能指示行进的方向，而且能微妙地影响游览的感受。如图 3-52 所示，一条平滑弯曲的小路，给人一种轻松悠闲的感受；而一条直角转折的小路，会使人感到既严肃又拘谨；一条不规则、多变化的转折道路，则会使人产生紧张急促的感觉。

(3) 影响游览的速度和节奏。

铺装材料的形状能影响行走的速度和节奏。如图 3-53 所示，铺设的道路越宽，行人的运动速度就越缓慢。在一个较宽的路上，行人能随意停下观看景物而不妨碍旁人行走，而当铺装路面较窄时，行人便只能一直向前行

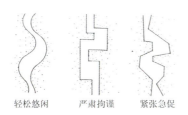

图 3-52　铺装的线形能够影响游览的感受

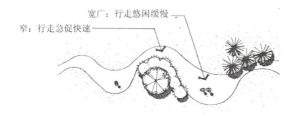

图 3-53　游览的速度和节奏受铺装路面宽窄的影响

走,几乎没有机会停留。

在线型道路上行走的节奏也受到铺装形式的影响。行走节奏包括行人脚步的落处和行走步伐的大小,这两者都受到各种铺装材料的间隔距离、接缝距离、铺地宽度及其本身材质等因素的影响。

(4)统一协调。

铺装具有统一协调作用,且这是其最突出的功能。在景观布局中,各个设计要素如果处于同一种铺装之中,相互之间便会连接成为一个整体。它能将复杂的建筑环境和相关联的景观空间结合起来,在视觉上予以统一,如图 3-54、图 3-55 所示。当行人离开一种铺装,而踏上另一种不同材料的铺装时,会立刻感到进入了一个新的行走路线或新的空间。如图 3-56 所示,当道路密集时,可以设计大面积的铺装,一方面允许最大限度地自由穿行,另一方面提供统一协调的布局。

(5)营造空间。

铺装可以营造空间。当地面铺装以相对较

图 3-54　铺装的统一协调作用 1

圣彼得广场上椭圆柱廊及广场中央的方尖碑和喷泉被地面的放射形图案联系成一个整体,铺装的造型加强了原来由铺装形态所引起的空间向心性。

图 3-55　铺装的统一协调作用 2

不规则的线条铺装形式将八角形的水池、月牙形的座椅、不规则的滑梯等景观要素在形式上有机地统一起来。

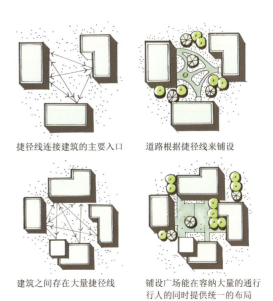

图 3-56　选择合理的运动路线进行铺装设计

大且无方向性的形式出现时，它会暗示这是一个静态的空间。如图 3-57 所示，通过地面铺装的色彩、材质、质感、尺度、造型的变化，运用不同形式的标高和细腻的边界处理手法，可以有效地划分不同的活动空间。

图 3-58　保持空间的整体性 1　李科 摄
地面上重复出现的六边形铺装形式，使很长的线形空间保持了视觉上的整体性。

图 3-57　铺装可以划分不同的空间
通过地面铺装色彩、材质的变化，可以有效地划分运动场地、观赏比赛的场地、穿行空间等不同的活动空间。

连续的地面铺装的构图形式还能保持空间的整体性；同一种铺装形式作为控制性的形象重复出现或布满地面时，其透视上的整体性保证了空间深度的连续性，形成完整的空间，如图 3-58～图 3-61 所示。

图 3-59　保持空间的整体性 2　李科 摄
将小的方块铺装成整体的菱形图案，从而构成空间的整体。

铺装的图案还会影响空间的尺度感。铺装材料较大、较开展时，会使一个空间产生一种宽敞的尺度感；而铺装材料较小、呈紧缩状时，则会使空间具有压缩感和亲密感，如图 3-62 所示。

地面铺装及其图案和边缘轮廓，都能对所处的空间产生重大的影响。设计实践中，大面积的广场地面通常被图案和造型分割，可通

图 3-60　保持空间的整体性 3
红色、黄色、绿色的铺装和台阶结合，将空间划分为 3 个层次。将第一、二层的白色铺装设计成一个有向心力的连续图形，使一、二两个层级之间形成一个整体。

图 3-61　保持空间的整体性 4

利用方形铺装保持空间的整体性。铺装时将白色和灰色方形交叠，分割方形铺装，使空间的尺度感变小，广场显得不那么空旷。

图 3-64　利用条形石板划分自然石块

自然石块铺成扇形的鱼鳞纹，排水篦子与同色的石板一横一纵将其划分为不同的区域，篦子与石板边缘都采用乌钢材料，统一而又充满细节。

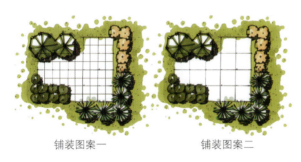

铺装图案一　　　　　铺装图案二

图 3-62　铺装材料的尺寸影响空间的视觉比例

铺装图案一使人感到空间尺度小；铺装图案二使人感到空间尺度大。

过采用不同的色彩、材质来划分地面的图案，使地面的结构更加细腻，如图 3-63、图 3-64 所示。当相邻两种铺装安放在一起时，应当相互配合、协调，一种铺装的形状和线条应延伸到相邻的铺装地面中去，如图 3-65、图 3-66 所示。与此同时，建筑物的边缘线和轮廓应与其相邻的部分地面相协调。如圆形、渐变的石材铺装能赋予一个空间亲切感，混凝土则会产生生硬、冰冷的感觉，如图 3-67、图 3-68 所示。

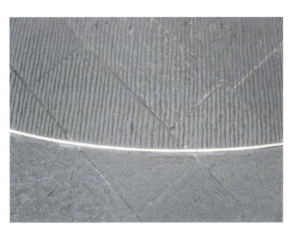

图 3-63　白钢分割不同纹理的铺装　李科 摄

同色、同种材质的铺装，利用钢条划分出圆形的边界，一边用机刨条形的纹理，另一边用火烧麻面的纹理，既统一又有区别，边界的划分显得细腻而别致。

图 3-65　相邻的石材衔接良好　李科 摄

将钢条作为植物种植区与铺装的边界，与两侧的铺装地砖，形成完美的缝隙对接，给人细腻、精致的感觉。

图 3-66 相邻的石材铺装没有衔接　李科 摄
虽然采用相同的自然石材进行铺装，但是利用条石做接缝的位置并不恰当，且邻近处采用 3 种铺装形式，并没有互相协调、配合，相邻处的缝隙都没有良好的对应。

图 3-68 混凝土铺装给人以冰冷的空间感
以混凝土作为面层的路面，有耐磨、平整、防滑、强度大等优点，但颜色简单、纹理粗糙，给人感觉生硬、冰冷。

（6）创造视觉趣味。

地面铺装在景观中所起的一个重要作用是能够创造视觉趣味。当人们穿行于一个空间时，他们的注意力会很自然地集中到地面，他们会很注意自己脚下的东西，以及下一步应踩在什么地方。视觉具有先行性，铺装设计可以引导人们的视线，铺装的视觉特性对设计的趣味性起着重要作用。例如，铺装图案可以是地图、有趣的图形，甚至可以用铺装序列讲述一个小故事，如图 3-69～图 3-71 所示。

图 3-67 圆形、渐变的石材铺装给人亲切的空间感
自然的石材铺装成同心圆，从中心向外由浅色变为灰色，最外一圈用深灰色的圆环与行车的路面区分开来，让人感觉空间舒适且亲切。

图 3-69 将航拍图作为地面铺装　施继光 摄
地面铺装采用当地的航拍图或者城市的地标，会引起人们强烈的兴趣去寻找自己熟悉的地方或者目的地，在吸引人群的同时，增强了娱乐性。

图 3-70 将名人的头像作为地面铺装　李科 摄
路德维希·凡·贝多芬的故乡位于波恩，在其故居前有一条音乐街，铺设了印有名人头像的地砖，很多游人慕名而来。夜晚华灯初上，这些"名人"也照亮了世界。

第 3 章 广场的空间设计

图 3-71 荧光跑道　王涛 摄
采用高分子材料和陶瓷颗粒布置而成的荧光跑道，白天吸光，夜晚发光。跑道上形成了嵌套的圆环和点状图案。游览者可以用手机或手电筒导光，移动照射吸光石，使其显示出自己想画的图案。

2. 铺装的材料

在广场景观设计中可供使用的铺装材料有很多。根据铺装在表层的材料，可分为柏油铺装、混凝土铺装、块材铺装。块材可分为石、砖、防腐木等；石材可以分为板石、小铺石；砖可以分为普通砖和荷兰砖。石材根据地质类型还可以分为天然石材和人造石材。天然石材以花岗岩、大理石、板石等为主。天然石材表面有细孔，所以耐污能力比较弱，一般都会对表面进行处理，如打磨、抛光、机刨、火烧等，使之形成光面、机刨面、剁斧面、荔枝面、麻面等。砖作为一种户外铺装材料具有许多优点，通过正确的配料、精心的烧制，砖会接近混凝土的坚固度，耐久度高、价格便宜、养护方便，它们的颜色比天然石材丰富，拼接形式也多种多样，可以变换出许多图案，效果自然与众不同。

【荧光跑道】

（1）沥青铺装。

沥青是由以细小的石粒和原油为主要成分的沥青黏剂构成的，是一种应用于室外环境的具有柔韧性的铺装材料。沥青广泛应用于公路、通道、运动场、庭院及停车场的铺装。

沥青具有良好的平坦性、可塑性，以及尺寸、模数选择性，适合各种规则或自然的形状。沥青路面施工速度快，无须养生，但由于磨损必须定期进行维护修补。沥青路面的热稳定性差，受高温影响易融化而形成车辙，所以在夏季，高温地区应慎用沥青。

图 3-72 所示为传统的沥青，以黑色为主，可以成为街道的背景色，同时还有不反射阳光、耐脏的特点，但是由于其透水性差、观赏性较低，因此在设计小空间或私密空间时应避免使用。

图 3-72 传统的沥青　施继光 摄
沥青铺装的路面属于柔性路面范畴，可承受车辆荷载、耐磨性好、持久度高。

近几年，由于新技术的应用，可以通过混入彩色骨料或添加颜色等方法对沥青进行色彩搭配。彩色沥青路面色彩鲜明，具有交通引导、警示作用，但是造价远高于普通沥青路面，施工要求较高，所以很难大规模应用。

（2）混凝土铺装。

混凝土由水泥、沙及水混合凝固而成。混凝土有良好的耐磨性、耐油性、耐冻结性。与沥青相比，混凝土同样有良好的平坦性、可塑性，以及尺寸、模数选择性，适合各种规则或自然的形状，如图 3-73 所示。由于混凝土为灰色，对光线的反射强，因此有利于夜间照明。混凝土的施工技术要求较高，需要 10 天以上的养生期，但是一旦按照标准施工，混凝土的养护费用是相当低的。为了避免混凝土路面的膨胀和收缩破坏铺装结构，在设计时必须注意设置伸缩缝和构造缝。此外，混凝土与钢筋配合使用，可以增加路面的强度。

图 3-74　石材铺装 1　王涛 摄
人工石材拼接地面，表面平整，颜色均匀，采用火烧面（荔枝面）的加工方式，可以起到防滑的作用。

图 3-73　拉出条纹的混凝土铺装　施继光 摄
图为以水泥混凝土为面层的刚性路面。如果施工工艺不符合要求，铺装表面会出现网状裂纹。

图 3-75　石材铺装 2　王涛 摄
自然石材采用冰裂纹的铺装形式与花岗岩铺设的回字形图案相结合，统一、自然且富有变化，营造出细腻的空间氛围。

（3）石材铺装。

石材根据地质类型可分天然石材和人造石材，如图 3-74 ～图 3-79 所示。天然石材

图 3-76　石材铺装 3
利用同种石材的不同颜色拼出曲线形态，有起伏的视觉效果。

第 3 章 广场的空间设计 / 073

图 3-77 自然石材铺装 1　李科 摄
利用不同颜色的石材拼出复杂多变的图案。

图 3-78 自然石材铺装 2
深圳云之园以石代山，以自然条石铺装模拟水纹，展现旱溪景观。条石缝隙中有杂草生长，别有一番风味。

图 3-79 施工现场　施继光 摄
图为石材铺装的施工现场，根据所需材料的规格、样式对其进行分组堆料，摆放整齐。施工现场如果遇到障碍物（如柱子、植物、井盖等），需要先整体铺设并为障碍物预留足够的空间，保证铺装形式上的连续性，同时，石材的缝隙对接要尽量精细、一致。

以花岗岩、大理石、板石等为主。花岗岩在商业上指以花岗岩为代表的一类装饰石材，包括岩浆岩和花岗岩的变质岩，一般质地较硬，有点斑结晶颗粒；大理石在商业上指以大理岩为代表的一类装饰石材，包括灰酸盐岩和与之有关的变质岩，表面上有纹理变化，主要成分为碳酸盐矿物，质地相对花岗岩较软；板石也称叠层岩或页岩，二氧化硅含量较高，质地坚硬致密，具有天然的层片结构，可按需要的厚度沿层面劈开，其表面呈现天然的质朴感；天然石材表面有细孔，耐污能力比较弱，一般需要对其表面进行处理，如打磨、抛光、机刨、火烧等。园林景观中的铺装，很少采用光面的大理石，这是为了防止雨雪天气路面湿滑而使行人摔伤。

人造石材是以不饱和聚酯树脂为黏结剂，配以天然大理石或方解石、白云石、硅砂、玻璃粉等无机物粉料，以及适量的阻燃剂、颜料等，经配料混合、浇铸、振动压缩、挤压等方法固化成型。人造石材防潮、耐酸、耐碱、耐高温、拼凑性能较好；但是自然性不足，而且由于其制作工艺差异很大，因此其性能特征也不完全一致。

（4）砖材铺装。

作为一种户外铺装材料，砖具有许多优点：通过正确的配料、精心的烧制，砖会像混凝土般坚固、耐久；价格便宜，养护方便；颜色比天然石材还多，拼接形式也多种多样，可以变换出许多图案，效果自然也与众不同。例如，荷兰砖（舒布洛克砖）质地坚硬、吸水透气、美观大方，不仅有多种颜色，而且其表面的肌理可细腻也可粗糙，可以与其他材料结合铺设，如图 3-80～图 3-82 所示。

图 3-81　砖材铺装 2　王涛 摄

利用同种砖材进行铺装，采用不同的颜色配比与铺装形式，可以形成不同的视觉效果。

图 3-82　多种铺装材料组合

砾石、石材、砖材等多种铺装材料的组合，以浅灰为底色，进行深色条纹的铺装设计，统一中又富有变化。

（5）砾石铺装。

沙砾是一种流动性的、价格相对低廉的材料，应用广泛，如图 3-83～图 3-87 所示。风化的花岗岩块和细砾都属于沙砾，然而岩

图 3-80　砖材铺装 1　李科 摄

砖材的颜色丰富，形态多样，边缘有直形、"S" 形等。可供选择的尺寸也很多，一般的尺寸为长 240mm，宽 115mm，高 53mm，铺设时砖与砖之间一般会预留 2mm 的缝隙。

图 3-83　砾石铺装 1　王涛 摄

根据施工工艺的要求，在进行大面积的卵石铺装时，需要将地面划分出不同的区域，可以根据场地的风格进行图案的设计。

块可以压成平坦坚硬的路面，而细砾很难压实，行人难以在细砾铺设的路面上行走。巨砾作为当今步行路面的一种铺装材料，其所需养护费用较低，并且能让雨水直接回渗入土壤。

卵石是一种经过流水或落水冲蚀而变得圆滑的石头，大小不一，可以利用砂浆将其黏结。卵石可以铺设突出地面、相对粗糙、适合足底按摩的小路，但这种小路通常不利于行走。卵石也常用于水池底面、驳

图 3-84　砾石铺装 2　王涛 摄
在粗糙的卵石或不规则的碎石路面上行走略有不便，对穿高跟鞋的女士、婴儿车等尤其不友好。

图 3-85　砾石铺装 3　施继光 摄
利用小颗粒的卵石铺设的地面，色彩搭配多样、图案美观。由于小颗粒的卵石粒径小，施工困难，造价较高，因此在景观中很少大面积应用。

图 3-86　砾石铺装 4　王涛 摄
利用不同颜色的石子铺设的地面，一般不做垫层、地基，或者只是夯实地面，利用钢板围合边界，将石子散放其中。

图 3-87　利用砾石铺设的中国传统铺装图案

岸的铺装。对于颗粒较小的石头，以粒径5～8mm、形状浑圆饱满为宜，可以根据颗粒颜色配合铜条进行图案设计；对于大块景石，可选取表面平滑的用作汀步的铺设，如图3-88所示。

(6) 木材铺装。

将木材用作室外的地面铺装材料，是目前景观设计中一种很流行的做法，如图3-89～图3-91所示。但是，由于木材在室外环境中比较容易变形、开裂、腐烂，因此必须经过处理才能应用，可刷桐油或防腐剂进行处理。广场铺装中，木铺装更显得典雅、自然，木材是栈桥、亲水平台、树池等的首选铺装材料。

木材广泛应用于广场的铺装中，比如由截成几段的树干构成的踏步石，由栈木铺设的地面。木材能够强化由其他材料构成的景观铺装，或者与其混合，或者进行外围的围合，如木隔架、篱笆、木桩、木柱等。在自然式景观中，常常保留木材的天然色彩，这样不

图3-88 汀步
李科 摄
以零散的叠石点缀窄而浅的水面，便于人蹑步而行，称为"汀步""掇步""踏步"，质朴自然，别有情趣。

图3-89 木材铺装1
施继光 摄
木材在露天环境中直接与土壤、水体等接触而毫无违和感，其暖色调看上去具有亲切感，是园林中非常优质的铺装材料。如果提升其标高，人们会自发地将其作为休息座椅。

图3-91 木材铺装2
施继光 摄
采用不同的接缝方式，可将防腐木铺装成不同的图案。同一批次的颜色会稍微有点差别，可使铺装效果更自然。

图3-90 木质铺装

仅可与设计风格完美结合，形成极高的观赏价值，而且可与格架、围栏粗犷的轮廓形成对比。大多数规则式广场，会使用人工涂料将木材染色，借以强化木材铺装或景观小品的地位，突出规则式景观的严谨。

木材铺装最大的优点是能给人柔和、亲切的感觉，所以常用木块或木板代替砖材、石材铺装。尤其在休息区内，以及放置桌椅的地方，与坚硬冰冷的石材相比，木材的优势更加明显。

（7）透水性铺装。

2015年9月29日国务院召开常务会议，决定部署加快雨水蓄排顺畅合理利用的海绵城市建设，增强建筑小区、公园绿地、道路绿化带等的雨水消纳功能，在非机动车道、人行道等扩大使用透水性铺装，并和地下管廊建设结合起来。2018年住房和城乡建设部办公厅下发的《海绵城市建设评价标准（征求意见稿）》中明确指出，技术路线由传统的"末端治理"转为"源头减排、过程控制、系统治理"；管控方法由传统的"快排"转为"渗、滞、蓄、净、用、排"，通过控制雨水的径流冲击负荷和污染负荷等，实现海绵城市建设的综合目标。采用透水性铺装材料是使雨水自然渗透、自然净化的有效途径。

透水性铺装，指能使雨水直接渗入路基的人工铺筑的路面。透水性铺装具有使水还原于地下的功能，能够改善植物的立地条件和居民的生活环境、减少城市雨水管道的数量和负担、减轻公共水域的污染、涵养水源、增强地面的抗滑性能、增加空气湿度等。

嵌草路面具有良好的透水、透气性能。嵌草路面有两种，一种是在块料路面铺装，块料与块料之间留有缝隙，可以在缝隙间种草，如图3-92所示。另一种是制作可以种草的各种纹样的混凝土路面砖。嵌草路面能降低地表温度，易与自然环境相协调，但是平整度不够，不利于穿高跟鞋的女士行走。嵌草路面经常应用于步行小路、小面积的铺装或停车场等场地，如图3-93所示。

图3-92 嵌草砖的铺装 施继光 摄
利用嵌草砖将硬质的地面铺装与草坪结合，形成完美的地面过渡。

除了嵌草路面外，经过特殊处理的透水混凝土、透水砖等铺装材料也具有透水、透气性能，如图3-94所示。

透水混凝土又称多孔混凝土、无砂混凝土、透水地坪，可分为透水沥青混凝土和透水水泥混凝土，它是由骨料、水泥、增强剂和水搅拌混合而成的一种不含细骨料的多孔轻质混凝土。由于透水混凝土的粗骨料表面包覆

图 3-93　嵌草砖铺设的地面　李科 摄
嵌草砖是具有透水、透气性的铺装材料，广泛应用于生态停车场等场地。有冰裂纹嵌草砖、空心纹嵌草砖、人字纹嵌草砖等。

图 3-94　采用透水材料铺设的儿童活动场地　李科 摄
颜色鲜艳，色彩明丽，有高透水性、高承载力、高散热性、易维护、抗冻融、耐用等优点。

了一层薄薄的水泥，相互黏结而形成孔穴，呈均匀分布的蜂窝状结构，因此具有透气、透水和质量轻的特点。透水混凝土拥有系列色彩配方，可以配合设计的创意，针对不同环境和装饰风格进行铺设施工。

透水砖根据制作材料和工艺的不同可以分为普通透水砖、聚合物纤维混凝土透水砖、彩石复合混凝土透水砖、彩石环氧通体透水砖、混凝土透水砖等。

普通透水砖为普通碎石的多孔混凝土材料经压制成形，用于一般街区的人行步道、广场，是一般化铺装的产品。

聚合物纤维混凝土透水砖的材质为花岗岩石骨料，由高强水泥和水泥聚合物增强剂，掺合聚丙烯纤维、严密送料配比，经搅拌后压制成形，主要用于市政工程、人行步道、活动空间、停车场等场地的铺装。

彩石复合混凝土透水砖的材质面层为天然彩色花岗岩、大理石与改性环氧树脂胶合，再与底层聚合物纤维多孔混凝土经压制复合成形，此产品面层华丽，色彩天然，与石材的质感相似，与混凝土复合后，强度高于石材，成本略高于混凝土透水砖，价格是石材地砖的一半，是一种经济、高档的铺地材料。

彩石环氧通体透水砖，其材质骨料为天然彩石与进口改性环氧树脂胶合，经特殊工艺加工成形。此产品可预制，还可以现场浇制，并可拼出各种艺术图形和色彩线条，给人们赏心悦目的感觉，主要用于园林景观和高档别墅小区。

混凝土透水砖是河沙、水泥、水，再添加一定比例的透水剂制成的混凝土制品。这种材料与树脂透水砖、陶瓷透水砖、缝隙透水砖相比，生产成本低，制作流程简单、易操作。广泛用于高速路、飞机场跑道、车行道、人行道、广场及园林建筑等。

透水性铺装能让雨水流入地下，有效补充地下水，缓解地下水位急剧下降等城市环境问题，能有效减少地面上的油类化合物等对环境的污染，同时能保护地下水、维护生态平衡、缓解城市热岛效应。

3.1.4 地形

从广场设计范畴讲，地形包括土丘、台地、斜坡、平地，以及台阶和坡道所引起的水平面变化的地形。起伏最小的地形可以称为"微地形"。

1. 地形的重要意义

在广场景观设计中，地形有重要的意义。地形不仅能影响某一区域的美学特征、空间构成，而且能影响景观、排水、小气候、土地的使用，地形还对景观中其他设计要素起支配作用，包括植物、水体、建筑、铺装材料等，这些要素在某种程度上都依赖于地形。

城市广场中，不同的地形可以创造不同的使用功能与空间效果，一般来讲，平坦的场地易形成开敞的空间效果，可以用来进行文化娱乐、体育运动、儿童游戏等。起伏的地形可以有效地划分空间，创造安静休息区、游览观赏区、休闲垂钓区等，并且坡度越强，所营造的空间感就越强。平坦的地形能给人以轻松感，而陡峭、崎岖的地形极易在空间中营造令人兴奋的氛围，也会使人产生不安全感，如图3-95、图3-96所示。地形通过控制视线创造景观序列或景观感受，例如一个幽静且富有层次的山地可形成山重水复、峰回路转的山林空间；由低平的地段过渡到高耸的山巅可形成流动的空间，同时还可以在高处形成主景。

图3-95　自然的地形　付晓峰 摄

伦敦海德公园内的戴安娜王妃纪念园，利用地形高差的变化形成流动的环形水系，水流从水渠南端的最高点喷出，分成两股流向不同的方向。带斜坡的场地被建设成为开敞的疏林草地，为人们活动提供空间。

图3-96　人工的叠水　刘星明 摄

利用地形的高差变化设计而成的水体景观。水体于观景平台处形成大体量的瀑布流出，经过多层级的叠水，汇入中心的大水池中，吸引了众多游客在此嬉戏。为顺应地势的高差，水池的四周由台阶和陡坡围合。

2. 坡度与坡向

在地形设计中，地形的坡度不仅关系到排水、坡面的稳定，还关系到人的活动和车辆的行驶。地形的坡度表示方法有比例法、百分比法。比例法是通过斜坡的水平距离与垂直高度之间的比率来说明斜坡的倾斜角度；百分比法是通过斜坡的垂直高差与整个斜坡的水平距离比值的百分数来表示坡度。就上述两种表示方法而言，百分比法较为常用。

一般情况下，坡度小于1%的地形易积水，需要适当的改造才能利用；坡度介于1%～3%的地形排水情况较理想，适合安排绝大多数的内容，特别是需要大面积平坦地势的活动场地，如运动场、广场铺装；坡度介于5%～10%的地形，排水条件良好，且具有起伏感，但仅适合安排用地范围不大的活动；随着坡度的不断增加，人行进的速度会减慢，人行道的坡度不宜超过10%，如果需要在坡度更大的路面行进，建议修建台阶或使道路斜向于等高线；坡度介于10%～15%的地形有陡斜的感觉，为了防止水土流失，应尽量少动土方，主要的工程设施应与等高线平行，在坡的最高处，视野开阔，可以观赏四周的美景；坡度大于15%的陡坡多数不适合利用，利用时要建挡土墙，但是陡坡有强烈的控制感，如果能与建筑结合，可以创造出优美的景观。

坡度的朝向直接影响小气候条件。如在温带大陆性气候地区，冬季朝南的坡向可以获得最多的日照，而朝北的坡向几乎得不到日照；在夏季，所有方位的坡度都可以受到不同程度的日照，其中西坡直接暴晒于午后的阳光下，所受的辐射最强。从风向来看，西北坡在冬季迎着主导风向，完全暴露在寒风之中，而东南向坡在冬季却几乎不受寒风吹袭。西南向坡经常接受凉爽的夏季风。因此，东南坡向不受冬季风侵袭且能受益于凉爽的夏季微风，还能享受冬季和夏季午后的阳光，通常是一个开发的优势地段。

3. 地形的形式
（1）从形态来划分。
地形从形态来划分，可分为平地、凸地、山脊、凹地及山谷。平坦的地形指土地的基面在视觉上与水平面平行。平坦的地形是最简明、最稳定的地形，由于没有明显的高度变化，因此使人感觉舒适和踏实，如图3-97所示。

图3-97 平坦的地形　施继光 摄
平坦开敞的草坪，为人们提供休息、午餐、游戏的空间。

凸地形是比周围环境的地势高、视野开阔、具有延伸性、空间呈发散状的地形。在园林中既可以点景也可以观景，在地形的高处可以形成空间的控制感，如图3-98所示。

图3-98 凸地形　王涛 摄
凸地形是视线的焦点。设计师利用地形的高差变化设计景观道路，将道路隐藏在花海之间。

山脊与凸地形类似，但山脊总体上呈线状，形状更紧凑、更集中。脊地可以限定空间的边缘，调节其坡上和周围环境中的小气候，提供一个外倾于周围景观的制高点，有多个视野观赏点，是建设道路的理想场所。

凹地形呈碗状，是比周围地势低的洼地，视线较封闭，且封闭程度取决于凹地形的绝对标高、坡度、树木和建筑高度及空间的宽度等，空间内敛。凹地形通常给人一种分割感、封闭感和私密感，令人感觉受周围高地的保护而不受外界侵犯，不过这种所谓的安全感是一种假象，因为凹地形极易遭到环绕其周围的较高地面的袭击。凹地形与其他地形相比较，能形成良好的小气候条件，有充足的阳光、温暖、少风沙、潮湿。凹地形的低凹处能聚集视线，设计师可在此精心布置景物。

谷地兼具凹地和山脊的特点，既具有凹地的空间功能，又与山脊相似，呈线状且具有方向性。谷地与山脊的活动差别在于谷地属于敏感生态和水文地域，常伴有溪流及相应的泛滥区。

（2）从应用形式来划分。
地形从景观的应用形式来划分，可分为规则式地形、自然式地形和混合式地形。规则式地形的特点是有明显的几何图形，从平面到立体都要求严格对称。规则式地形一般由标高不同的水平面及斜坡组成，地势平坦或有明显变化的地形起伏，可以由台阶、挡土墙、坡面等构成，其剖面为折线或曲线。规则式地形的水体外形轮廓为几何图形，驳岸规整，常以喷泉为水景主体；建筑、道路、广场均呈中轴对称；景观种植用地一般规划为整齐的花坛、花境，树木种植呈行列式，并大量运用绿篱来组织空间，如图3-99～图3-106所示。

图3-99　规则式凹地形　施继光 摄
地形呈阶梯式变化，利用挡土墙、斜坡、台阶、圆形的水池，形成凹地形景观。

图3-100　规则式地形1　施继光 摄
利用规则的斜坡式草坪来突出地形的变化，地形规则但不稳定，具有一定的自然趣味。

图3-101　规则式地形2　施继光 摄
利用地形的起伏变化设计的儿童场地，是孩子们游戏的天堂。不仅可以在坡面寻求登高与不稳定下滑的刺激，还可以在"地洞"中探险。

图 3-102　规则式地形 3　施继光 摄
利用挡土墙、台阶和修整成斜坡状的植物，形成规则的地形景观。

图 3-103　规则式地形 4　施继光 摄
利用台地式种植池的阶梯式变化，结合植物景观来弱化地形的高差变化。

图 3-104　台阶与斜坡结合　施继光 摄
利用台阶、斜坡来连接具有高差的地面。孩子们会自发地将坡面当作滑梯，如果坡面采用光滑的大理石砌筑，就会成为让人流连忘返的娱乐设施。

图 3-105　台阶与坡道结合
罗布森广场位于加拿大温哥华。广场空间由一系列坡道联为一体，连接艺术馆、商业街和城市花园 3 个空间层次，开创了台阶与坡道结合的艺术先河。

图 3-106　规则起伏的地形
利用地形的起伏变化设计的骑行场地，是骑行爱好者的天堂。科学合理地设计起伏的地形，可以使骑行者在颠簸的刺激中提高骑行技巧。

自然式地形一般是自然起伏的地形与人工堆置的山丘的融合，利用自然界中的地形、地貌，以自然界中的山水为模板进行地形改造，如图 3-107 所示。建筑用地应与整个地形相融合，多采用不对称布局；道路、广场的外形轮廓为自然式的曲线，植物的栽植以自然界中的植物群落为样本，形式多变，养护粗放；水体多是利用自然界中的湖泊、池沼、溪涧、瀑布；水岸护坡采用自然山石和草皮植被护坡两种。

图 3-107　自然起伏的微地形　王涛 摄

混合式地形是广场设计中常用的一种形式，是规则式与自然式的混合结构。一般情况下，主要的入口景观、中心广场、主题广场、花坛等采用规则式处理手法，大片植物、水面则采用自然式处理手法。

设计构思时，要考虑当地的地质条件、气候条件和植物的分布特点，设计一个合理的空间结构，再根据景观的用途规模确定功能分区，创造不同的地形条件。

3.1.5　景观建筑与小品

景观建筑与小品可称为设计中的"活跃元素"，它们大部分都具有强烈的视觉效果且极具吸引力，有时也会刺激人们的听觉和嗅觉，除了能起到活跃广场空间、改善设计方案品质的作用，还是景观设计的有机组成部分。景观建筑与小品在满足使用功能的前提下，也可以满足人们的审美需求。满足使用功能的景观建筑与小品，包括凉亭、柱廊、垃圾箱、座椅、路灯、路标等；满足人们的审美需求的景观建筑与小品，包括雕塑、花坛、花架、喷泉、瀑布等。另外还可以利用建筑小品的色彩、质感、肌理、尺度、造型的特点，结合场地的布局形式，创造出空间层次分明、色彩丰富、具有吸引力的城市空间。

景观建筑与小品的内容有很多，包括装饰性构筑物，导视系统，健身、娱乐设施，休息设施，照明设施，服务设施，等等。

1. 装饰性构筑物

装饰性构筑物包括一切用于美化、装饰的构筑物，同时也可能包括功能性的建筑物或构筑物，如景墙、挡土墙、花架、雕塑等。

（1）景墙。

在中国古典园林中，墙的运用很多，也很有特色。墙常被用来划分景区和空间，纵横穿插、分隔，组织园林景观，控制、引导游览路线，可以使空间"园中有园，景中有景"，是空间构图的一种重要手段。这些技法同样可以应用于广场设计。

墙在园林中的形式很多，在平坦的地方多建平墙，在坡地或山地上则就其地势建梯形墙。如图3-108、图3-109所示，设计师可以根据景观的需要，把墙筑高或筑矮，或高矮结合，使墙形成高低起伏的主体轮廓。有时为了营造活泼的气氛，还可建波浪形的云墙，如图3-110、图3-111所示。南方的园墙多以薄砖空斗砌筑，白粉墙面，灰色瓦顶，配以褐色门窗与建筑木构架和绿色的植物，白、灰、褐、绿形成的色调清淡素雅。白墙还经常作为山石、花木的背景起衬托作用，可形成多变的光影效果，犹如在白纸上作画，十分动人，为景观增色不少。

为避免园墙沉闷、单调，设计师还常将绿化、山石作为掩体，有时把墙与廊及花架结合起来统一处理。墙上开洞，以形成各种明暗对比和虚实变化，包括各种形式的洞门、漏窗、洞窗等，这是中国古典园林的一种经典造景手法。

洞门不仅提示了人们前进的方向，组织了游人的游览路线，而且沟通了围墙两侧的园林空间，形成十分诱人的框景画面。《园冶》上

图3-109　阶梯形墙　施继光 摄
景墙由高到低呈阶梯状变化，可以更好地与地面衔接，使景物形成良好的过渡。

图3-110　云墙1
上海豫园，墙壁斑驳、古朴，围墙由5条巨龙装饰。巨龙以各种姿态缠绕包裹，守护着这个园子，图为龙身的一段。

图3-111　云墙2
上海豫园的穿云龙墙，龙头用泥塑成，龙身以瓦做成鳞片，蜿蜒于白墙之上，气势壮观。

图3-108　景墙　施继光 摄
景墙可以是一段直墙，也可以是一段曲面的墙，可以用来划分景观空间，也可以用来连接具有高差的场地。

说:"触景生奇,含情多致,轻纱环碧,弱柳窥青。伟石迎人,别有一壶天地;修篁弄影,疑来隔水笙簧。"就是这种框景效果的生动写照。空窗、洞门的生动造型还可成为园林中一种装饰性点缀。

漏窗与洞窗,较洞门更为灵活多变,可竖向、横向构图,其大小、花式可以有较大变化,主要依据环境特点加以设计。

漏窗,又名花窗,是窗洞内有镂空图案的窗,多用瓦片、薄砖、木材等制成几何图形,也有用铁丝作骨架,灰塑人物、鸟兽、花木和山水等图案。漏窗的花纹图形极为丰富,在苏州园林中就有数百种,如图3-112所示。人透过漏窗可以隐约看到窗外景物,取得似隔非隔的效果,以增加园林空间的层次,做到"小中见大"。

图3-112　漏窗
漏窗被称为"尺幅窗""无心画",将墙外景色透漏过来,借而观之,即"窗为园之眼,景为境中性。"

洞窗,不设窗扇,有六角、方胜、扇面、梅花、石榴等形状,常在墙上连续开设,各个形状不同,故又称什锦花窗。而位于复廊隔墙上的洞窗,往往尺寸较大,内外景色通透,与某一景物相对,可形成一幅幅框景,如图3-113所示。北方园林有的在洞窗内外安装玻璃,内置灯具,称为灯窗。这样,白天可以观景,夜间可以照明,一窗两用,高妙至极。

图3-113　框景
安徽合肥包孝肃公墓园,园内框景众多,有门有窗,或幽篁修竹,或古木房舍,或蕉影婆娑,别有一番情趣。

洞门、漏窗、洞窗具有特定的审美价值,其主要有两种艺术功能,一是隔景,二是借景。一个母体园林可分割成若干个子园,其分隔物一般采用粉墙、廊庑,而粉墙、廊庑总伴随着洞门、漏窗、洞窗,起到隔而不死,实而有虚的作用。至于借景,乃是更重要的艺术功能。洞门、漏窗与洞窗后面,或衬片石数个、竹木几枝;或把远山近水、亭台楼阁纳入窗框、洞框,使洞门、漏窗与洞窗外的景色组合成宛如水墨的小品画页。通过门、窗望去,或看到山水画卷,或看到竹石小景。这种"景中有画,画中有景,是画是景"的园林景致,被清代著名艺术家李渔命名为"尺幅窗""无心画"。"尺幅"者,"纳千顷之汪洋,收四时之烂漫"。

"景中有画,画中有景",是园林造景的精髓。观赏者原来可能会漫不经心地走过,但如果在此地通过一层洞门、漏窗或洞窗,看到外面如画般的景色,立时会产生遐想,于是欣赏节奏放慢,欣赏时间延长,心理情趣增加。这在无形之中扩展了观赏者的欣赏空间,观赏者不再因为在短时间内走完一个小空间而意犹未尽。观赏者在这类尺幅画面前驻足品味时,会有一种奇妙的感觉。

(2)挡土墙。

挡土墙是在地势高差较大时用来阻挡较高的地势、防止滑坡的墙体。挡土墙分为直墙式和坡面式。在运用材料方面,坡面式挡土墙的选择较多,不仅可以采用传统的现浇混凝土、砌块、石材(碎石、卵石、毛石等)、砖材等,也可以结合实际需求进行装饰设计,如图3-114~图3-117所示。

(3)花架。

花架指供植物攀缘的棚架,如图3-118所示。

图3-114 起装饰作用的浮雕墙 王涛 摄
沈阳植物园内的浮雕墙由多种材料构成,以城市主要地标为主题进行设计。

图3-116 挡土墙2 施继光 摄
墙体可以是垂直的,也可以是倾斜弯曲的,可以作为休闲的座椅,也可以作为小朋友的天然滑梯。

图3-115 挡土墙1
采用斜向条纹的贴面方式进行图案装饰。

图3-117 挡土墙3
斜坡式挡土墙可以设计成光滑的曲面供孩子们攀爬、跑跳、玩滑板等。

花架的造型灵活、轻巧，本身也是观赏对象，有直线式、曲线式、折线式、双臂式、单臂式等。它与亭、廊组合能使空间更加丰富多变，便于人们活动。花架还具有组织园林空间、划分景区、增加景深的作用。布置花架时，一要使其格调清新，二要注意与周围建筑与植物在风格上统一。中国古典园林中对花架的应用并不多，因为它与园中山水风格不协调。但在现代园林中，新材料得到广泛应用，且融合吸收了各国园林风格，设计师也乐用花架这一小品形式。

（4）雕塑。

雕塑主要指景观中具有观赏性的雕塑小品，可配合整体构图，题材广泛，有助于表现设计主题，点缀风景，丰富游览内容，一般可分为简洁抽象的几何形体和细腻的具体形象。抽象的雕塑如图 3-119 所示。具体形象一般取材于人物、动物、植物、器物等自然界和生活中的有形之体，给人一种亲切感，使人产生无限遐想。

雕塑从功能性质分，可分为纪念性雕塑、主题性雕塑和装饰性雕塑，如图 3-120～图 3-123 所示。

雕塑可配置于规则的广场、花坛、林荫道上，也可点缀在自然式山坡、草地、池畔或者水中。布置时，应充分考虑周围的环境条件，不仅要使雕塑与周围的环境保持协调，而且应使雕塑有良好的观赏距离与角度。园林雕塑与所在的空间大小、尺度要有恰当的比例，设计师需要考虑雕塑本身的朝向、色彩及背景关系，使雕塑与其周围环境互相衬托，相得益彰。

图 3-118　花架　李科 摄
花架造型简单，但是需要注意留出种植池的位置。花架材料需要防水、防腐。

图 3-119　抽象的雕塑

图 3-120　纪念性雕塑
位于鲁迅美术学院的鲁迅雕像。

图 3-121　主题性雕塑

图 3-122　装饰性雕塑 1　施继光 摄
克莱斯·奥登伯格喜欢把人们熟悉的日常用品放大到匪夷所思的尺度。图为他的作品之一，位于巴黎拉·维莱特公园，他将被遗弃的自行车拆散、放大，置于草坪上，使之成为孩子们的乐园。

图 3-122　装饰性雕塑 1（续）

图 3-123　装饰性雕塑 2　付晓峰 摄
图中的雕塑位于芝加哥世纪公园，由安尼施·卡普尔设计。作品重 110 吨，高 33 英尺，宽 42 英尺，长 66 英尺。因外形酷似一颗大豆子而被芝加哥市民称为"豆子"。该雕塑采用镜面不锈钢，映射出建筑、天空和观众。

【纪念性雕塑】　　【主题性雕塑】　　【装饰性雕塑】

2. 导视系统

导视系统包括领域标志、标识等。广场中指示牌、地图之类的交通标识较多。

（1）领域标志。

领域标志是城市及其所属各级区域的行政和社会标记。

（2）标识。

标识是公共领域中引导方向、指示行为、揭示场所性质的一套

【指示牌标识】

独立的系统，包括指示牌、导游图等，如图 3-124 所示。

图 3-124　地图标识　林春水 摄
地图标识采用金属材料，用浮雕的手法绘制地图，以指针的方式表示方向与距离。

3. 健身、娱乐设施

景观空间中有满足游人健身、娱乐需要的设施，包括供儿童游乐的蹦床、沙坑、滑梯，以及健身器材、攀岩场地等，如图 3-125～图 3-128 所示。

图 3-125　健身设施　施继光 摄
健身设施为儿童、青年、老年等各个年龄段的人群提供锻炼场所。周边设置座椅，可供看护人员休息。

【游乐设施1】

【游乐设施2】

【儿童游戏场地】

图 3-126　经久不衰的游乐设施　施继光 摄
游乐设施包括沙坑、滑梯、攀爬架等，越简单的玩具流行的时间越长、聚集的儿童越多

图 3-127　旋转木马　施继光 摄

图 3-128　儿童游戏场地
蹦蹦床与秋千相结合，颜色鲜艳明快，既有明度上的变化，又有色彩上的统一。

尽量满足最有可能使用该场所的群体的需要，同时也鼓励其他群体使用，并确保群体相互之间不影响，让儿童、老人、残障人士都能享受到户外生活的乐趣，特别是对母婴、残障人士等特殊人群，建设时应给予关怀。

4. 休息设施

休息设施指供游人休息的人工设施。

（1）座椅。

座椅是根据人体工学建造的、供人休息的设施。一般座椅高度为40～50cm，长度则依需要而定。与身体接触的座位板与背板有多种可选材料，如石材、钢材、玻璃、水泥、木材等。钢材与石材相比坚硬且性凉，不适合久坐，只适合短时间休息；木质座椅比较舒适，适合长时间休息。设计师可根据不同的设计来选择材料。此外，座椅应具有坚固耐用、舒适美观、不易损坏、耐脏等特点，图3-129～图3-131所示为根据不同的需求与理念设计的可供休息的设施。

（2）凉亭。

凉亭起源于中国，古时建于路旁边供人休息，后来慢慢演变成一种景观构筑物，是供人休息和远眺的地方。亭是开敞的小型建筑，不设门窗，下半部砌半墙或设半栏，如图3-132所示。在造型上，亭玲珑而轻巧，式样和体量均因地制宜，丰富多彩。亭的平面，有正方形、长方形、六角、八角、圆

【休息座椅】

图3-129　休息座椅

座椅可以单独设计，也可以与桌子、花坛、树池等结合设计。

第 3 章 广场的空间设计 / 091

图 3-130　设计精巧的座椅　施继光 摄

图 3-131　只要高度适合就可以作为座椅使用

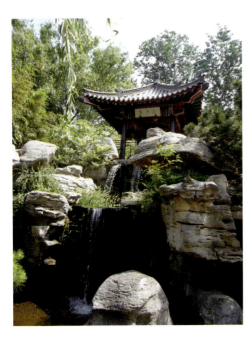

图 3-132　亭　李科 摄
亭建在假山之上，一条瀑布倾泻而下，流入下方的一块水池。

形、扇形、梅花、海棠等形状；亭的立面，有单檐、重檐之分，以单檐居多；亭的布局，有山亭、半山亭、桥亭、沿水亭、靠墙的半亭、廊间亭、路中亭等。临水建亭，多为欣赏水景；在山上建亭，不仅可以眺望山景，而且可以为山顶增色。

（3）廊。

廊是由两条并行的游廊组成的复合结构，中间隔以漏窗花墙，可以扩大空间，增加景深，产生若隐若现的自然效果，在分割空间中起过渡作用。廊虽是一种比较简单的建筑物，但造型丰富，艺术性很强。图3-133所示为波形长廊。廊按形式分有直廊、曲廊、复廊等。直廊，即全廊呈直线或近似直线；曲廊，迤逦曲折，部分依墙，在廊墙的转折间构成不同形状的小院，可栽花缀石、配置小品；复廊，也称双廊、两面空廊。

（4）野外桌。

野外桌可用石、木、玻璃、水泥等材料制作，视摆设位置及用途而定。野外桌桌面会雕刻棋盘或绘制图案，如图3-134所示。设计野外桌时要特别注意桌椅的间距。

【野外桌】

图3-134　与游戏结合的桌椅　付晓峰 摄

5．照明设施

夜间景观是园林景观的重要组成部分，是由自然及人文因素共同构成的夜景综合形象。夜景的照明设计不仅可以优化人们的夜间生活、提高景区魅力，而且对减少交通事故和夜间犯罪，提高人们夜间活动的安全感，均有重要作用。不同的灯具会产生不同的照明效果，设计时应尽量避免选用刺眼的直射光，而选择折射光，因为光源照射在物体上，经过折射后散发的柔和的光线会让人感到温馨，如图3-135所示。

（1）路灯。

路灯的功能主要是满足照明的需要，可以使光线均匀地投射到道路上。

（2）庭院灯。

庭院灯用在庭园、公园、街头绿地、居住区或大型公共建筑物前。灯具功率不需要很大，以创造幽静舒适的空间气氛，造型上力求美观新颖，风格与周围建筑物、构筑物、景观小品和空间性质相协调。

图3-133　波形长廊　施继光 摄

图 3-135 灯具与照明效果

(3) 草坪灯。

草坪灯比较低矮，造型多样，设置在广场周边或草坪边缘作为装饰照明，可以在夜间创造独特的气氛。草坪灯应尽量避免产生眩光，并避免产生均匀、平淡的光照感觉。

(4) 埋地灯或壁灯。

埋地灯比草坪灯更矮，设置在广场、人行道及车辆通道、广场绿化带、水池喷泉等地面中，壁灯设置在墙体侧壁上，主要起引导视线和提醒注意的作用。这种灯具一般为密封式设计，要求防水、防尘。

(5) 水底灯。

水底灯安装在喷泉、水池、瀑布、河道水下，要求具有放水功能，并应避免水分在灯具内凝结。

(6) 泛光灯。

泛光灯为大面积照明灯具，常用于广场雕塑、建筑立面、植物绿化的照明，一般使用金属卤化物灯或高压钠灯作为光源，是夜间景观照明中最常用的灯具之一。

6. 服务设施

服务设施是为人们提供便利和公益服务的设施，如饮水器、洗手钵、垃圾桶、卫生箱、公共厕所、台阶、坡道、栏杆、交通隔离墩、自行车停车架、窨井盖等，一般具有体量小、分布广、数量多、精致、色彩鲜明等特点。

(1) 饮水器、洗手钵。

饮水器、洗手钵为现代园林景观中重要的实用设施与景观装饰。普通的饮水器依其放水形式，可分为开闭式和常流式两种，如图 3-136 所示，所引之水，可供公众饮用，高度在 0.5～0.9m。洗手钵经常与饮水器结合使用，一般设置在广场、儿童游戏场、运

【饮水器】

动场或园路一隅,如图 3-136 所示。

(2)垃圾桶、卫生箱。
一个区域的整洁程度不仅与清洁的频率有关,还与废物投放器有关,如果有足够且分布合理的垃圾桶、卫生箱,这个场地的环境会相对整洁,如图 3-137 所示。

图 3-136 饮水器
可直接饮用的水源。

图 3-137 垃圾桶、卫生箱

(3) 公共厕所。

公共厕所无论规模还是外形，均会对景观有一定的影响。因此，在保证方便使用的前提下，应尽量将公共厕所布置在广场的角落，使之与周边的环境相互协调。

(4) 台阶、坡道、栏杆。

台阶的踏步竖板高度应在80～160mm，踏板宽度应不少于300mm；踏板突出竖板的宽度不应超过15mm；台阶坡度宜在1∶7～1∶2，如图3-138所示。台阶级数宜在11级左右，不应大于19级。休息平台的宽度应不小于1m。一般距离较短的坡道坡度不宜大于1∶6.5；残障人士及婴儿用车的坡道不应大于1∶10，宜在1∶12左右；距离较长的坡道坡度不应大于1∶12。坡道表面必须防滑。当室外踏步级数超过3级时应设置扶手；设置于阳光直射区域的栏杆（扶手），宜选用非金属材料和浅淡色调，如图3-139所示。

【台阶、坡道、栏杆】

(5) 交通隔离墩。

交通隔离墩又称水马、道路隔离柱、隔离桩，用于隔离对向或同向的交通流，具有禁止车辆进出道路、左转和禁止行人随意横穿道路的功能。根据使用材料可以分为水泥隔离墩、玻璃钢隔离墩、塑料隔离墩、金属隔

图3-138　多形式的台阶　李科 摄

图3-139　台阶与坡道上护栏的装饰　文增著 摄

离柱等。根据可移动性可分为可移动隔离设施、固定隔离设施、可升降隔离设施，如图3-140所示。

(6) 自行车停放架。

党的二十大报告提出，"……倡导绿色消费，推动形成绿色低碳的生产方式和生活方式"，越来越多的人出行选择公共交通或自行车。自行车已被国内外看作发展低碳交通的重要方式之一，在环保、便捷出行、缓解交通压力等方面可起到积极作用。对于自行车的停放，可借助自行车停放架来管理。自行车停放架分为螺旋式停放架、卡位式停放架、高低停放架、双面停放架、预埋停放架、高脚停放架、挂墙停放架、组合停放架等，如图3-141所示。自行车停放架的使用有效地解决了自行车停放秩序的问题，更是对城市美化建设的一种贡献。

(7) 窨井盖。

市政管道设施包括下水道、地下煤气管道、

图3-140 交通隔离墩 李科 摄

图3-141 自行车停放架 李科 摄

【自行车停放架】

自来水管道、电力管道、通信管道、国防管道等,这些管道每隔一段距离要有一个通向地面的出口,由管道到地面的这一段称为窨井,窨井口通常与地面平齐,因此需要一个盖窨井的盖子,称为窨井盖。窨井盖通常由钢筋、水泥、金属、强化塑料等原料制成,形状多为圆形和方形。窨井盖应与铺装相协调,保持视觉上的一致性,如图3-142所示。

第 3 章 广场的空间设计 / 097

图 3-142 窨井盖

景观建筑与小品的造型应统一在广场总体风格中，要分清主从关系。古希腊哲学家赫拉克利特指出："自然趋向差异对立，协调是从差异对立而不是从类似的东西中产生的。"所以小品的造型要有变化，统一而不单调，丰富而不凌乱。只有这样才能使广场具有文化内涵，风格鲜明，有强烈的艺术感染力。

雕塑小品应能反映一个城市的文化底蕴，代表一个城市的形象，彰显一个城市的个性，能给人们留下深刻的印象。雕塑小品作为公共艺术品，影响着人们的精神世界和行为方式，体现着人们的情趣、意愿和理想。

雕塑小品是三维空间造型艺术，为人们在空间环境中，从多方位观赏提供了可能性，所以它涉及的环境因素很多。雕塑小品的设计应注重与广场自然环境因素相协调，应考虑主从关系，使代表场地灵魂的雕塑小品从杂乱的背景中凸显出来。要注意雕塑小品与场地环境的尺度关系，如果广场面积过大，雕塑体积过小，会给人们一种荒芜的感觉；如果相反，则会给人们一种局促的感觉，所以，应处理好雕塑小品的尺度问题。雕塑小品是三维空间的造型艺术，人们可以从多角度去欣赏，所以雕塑小品各个角度的塑造要尽可能完美，为人们提供良好的造型形象。

3.2 广场设计的意象要素

美国著名城市规划理论家凯文·林奇以城市意象中的物质形态为研究内容,将物质形态归纳为5种设计要素:道路(Path)、边界(Edges)、区域(Districts)、节点(Nodes)、标志物(Landmarks)。城市广场是人们集聚、交往、活动的场所,它不仅能被看到,而且能被清晰、强烈地感知。如果一个城市广场空间混乱不堪,缺乏可意象性,就会让身处其中的人们感到困惑、迷惘甚至失去方向感,进而产生恐惧和焦虑,城市广场空间意象对城市建设及生活在其中的人们有着重要意义。因此,凯文·林奇这一理论同样适用于广场设计,通过安排这些要素引导人们对广场环境产生视知觉感知。城市意象设计的要素见表3-10。

表3-10 城市意象设计的要素

城市意象五元素	基本概念	显著特征
道路	道路是城市中的绝对主导元素,是城市整体赖以组织的最有效手段。它可以引导人们的游览路线,使人们习惯地、偶然地或者潜在地沿着它移动	道路应该具备可识别性、连续性、方向性
边界	边界是重要的线性要素,通常用来划分城市的不同区域,是两个面的边界线,或是连续面中的线状突变,如河岸、草坪、围墙等。边界可以把各个区域连接起来,在城市意象的构成中具有重要作用	边界应该具有连续性和可见性
区域	区域是城市形象的主要构成要素,区域具有某些共同特征,是人们心理上所能进入的较大城市面积	界定清晰、特色鲜明的区域给观察者深刻难忘的印象
节点	节点是人们进入城市的战略点或者日常往来的必经之点,如道路连接点或某些特征的集中点,是一个概念化的参照点	节点不仅应特色鲜明,同时应该是周边环境特征的缩影
标志物	标志物是人们在外部观察的一个参考点,通常是一个很明显的目标,人们将标志物作为探索结构的线索或用其确认区域身份。标志物包括建筑物、山丘等	标志物具有单一性和独特性

3.2.1 道路

道路是构成广场意象的主导元素之一,是组织交通流线最有效的手段。设计师通过安排人们的行进方向和路线,引导游览的节奏和空间。道路是一个从外部空间环境进入场域的通道,如图3-143~图3-145所示。道路可以是小径、园路、铺装等,其他的环境元素也是沿着道路(铺装)展开布局的。道路自身的形式、节点的连接方式、穿行的区域、经过的边界、沿路的标志物都能增强道路的意象。道路应该具备可识别性、连续性、方向性。

道路不但有划分空间、组织交通的功能,而且还是一条动态的风景线,道路能够串联连续的动态景观。广场上的主干道一般连通主入口,并连接中心景观,贯通主要景观轴线。次干道连接各节点,将整个广场串联。在设计的过程中,除了景观主轴线的道路外,应

图 3-143　直线铺装直达广场的水体　李科 摄
一条连续的线形铺装横穿广场的草坪、树阵、铺装,直达广场中的喷泉,方向明确,指示性强。

图 3-144　方向明确的道路
从广场的主入口进入,穿过水池的最高点,行至草坪的中心后,转折至水池的另一侧并形成环形道路的起点。

图 3-145　广场上的道路为穿行的路人提供便利
广场上的主要道路,为横穿广场的路人指明了方向,无论从哪一侧进入,行人都能以最快的速度穿越广场。

尽量避免其他道路通直,要设计曲折或者弯曲的路径,保证道路的通达性,便于行人到达目的地。对于道路周围的景观要做好保护,避免因路径设计不合理,导致行人抄近路、践踏草地。除此之外,对于道路的设计,要充分考虑不同人群的使用需求,尤其是老年人和残障人士,要设置起坡及台阶等使用标识。对于道路装铺的材料,要从形式、色彩和纹理等方面入手,严格把控,既要保证设计成果满足安全需求,又要保证其和整体景观相协调。对于道路的建设,应避免使用光滑地面或者过于粗糙的地面。

3.2.2　边界

边界是重要的线性要素,用来划分广场中的不同区域,界定周围环境。边界是人们能够感知的一个界面,可以是平面的,也可以是立体的;有的边界是自然形成的,有的则是人工塑造的。所谓的"线性"并不指边界是一条真正的直线或曲线,它可以是宽窄不等的轮廓线,也可以是两个区域的过渡地带,还可以是被人视为边界的道路或铺装。边界包括水池、景墙等不可穿越的障碍,也包括树篱、台阶等示意性的可穿越的界线,如图 3-146 ～ 图 3-148 所示。清晰的边界可以使空间划分更精确、焦点更鲜明、环境组织更清晰,使视觉画面呈现连续性。边界可以把各个区域连接起来,在意象

【边界清晰的广场】

图 3-146　边界清晰的广场 1
利用高差与周边环境的变化划清边界,台阶处形成广场入口,树池、树阵、草坪、不同的铺装等形成广场的不同区域。

图 3-147　边界清晰的广场 2　施继光 摄
利用隔离桩、矮墙划分出不同的区域。

图 3-148　边界清晰的植物景观
图为修剪整齐的草坪、绿篱、花卉、灌木及高大的乔木，种植边界清晰、植物种类丰富。

的构成中具有重要作用。

广场的边界可以分为两个层次。一是广场的外部边界，即广场与城市其他区域相交的边界。人们观察、感知一个广场空间，多数情况接触到的第一个空间层次就是广场与周边环境的交界处，它是人们进入场地之前接触到的第一个意象因子。作为城市广场景观形态的重要组成部分，边界空间是一种与人们的日常生活相联系的景观形式，无论休闲游憩还是上下班穿行，人们无须深入广场内部，就可以接触到自然景观，参与户外活动或者进行交流。同时，到广场的边界空间，可以更好地观察人们的活动，它是观察和体验城市生活的极佳区域。因此，城市广场的边界空间是公共空间中人们最爱驻足的场所之一。这个空间大多数是开放式的边界，或与城市道路连接，协调城市的景观肌理；或利用植物与街道的公共空间融合共生；或因地制宜形成安全开放的活动空间。设计实践中，应增强边界空间的层次感，营造丰富的空间体验和视觉感受，并向广场的本体景观延伸，从而拓展空间的深度，增强空间结构的层次感，组织行人视线的节奏变化。如果广场内靠近边界空间的区域景观是开敞大气的，或者游人的活动是动态的、热闹的，那么边界空间往往可以被塑造成通透的视线通廊，具有纵深感。如果广场内是安静的密闭空间，为了维持空间的气氛，可以大量种植植物，遮挡外部视线，以此形成开敞与封闭的空间，让行人的视线在这种开敞和封闭的空间转换中产生节奏感。人们接触到的第二个空间层次是广场内部的边界，即广场内各个不同的功能分区所产生的区域边界。在对广场内部各区域进行设计时，为了增强区域的可意向性，应注重创造视线的连续性，使得区

图 3-149　利用高差变化形成不同的活动区域
高差形成 3 个平台：最接近水面的亲水区、中间层的过渡区、最上一层的休闲区。

域和区域之间得到有机融合。如图 3-149 所示，为了满足边界的功能需求，可采用高低、错落、连续、断续等不同的设计手法，从而使其形成不同的视觉效果——通畅或阻挡。开敞的边界可以保证空间内事物的可视性，但是不阻碍视线；封闭的边界具有围合、防护功能，是立体化的，需要有一定的高度。边界的处理方式，直接影响景观给人的感受，边界处理得细腻，可以彰显设计师的水平。

3.2.3 区域

区域是广场形象的主要构成要素，同一区域具有共同的特征，是人们所能进入的最大面积的空间。广场的总体意象是各个区域意象有机的组合，界定清晰、特色鲜明的区域能够给人们留下深刻的印象，如图 3-150 所示。特色区域有利于加强广场的可识别性，有利于区域布局的完善和广场主题的综合表达。同一区域内具有共同的特征，对特定空间范围之外的事物来说，这一特征就是其特性，使人们易于把这一区域内的要素看作一个整体。也可以把区域简单地理解成广场中不同的功能空间，多样化的广场空间（如入口广场、儿童游乐场、喷泉广场、雕塑广场、树阵广场）能满足人们对多种功能的需求，吸引人们参与空间活动，以形成富有活力的城市公共空间。区域之间相互联系有助于增强意象，依靠柔和边界的限定，可以使区域之间形成过渡。

3.2.4 节点

广场中的各区域空间组织节点是人们可以进入的战略性焦点，也是人们来往行程的焦点。节点可以是广场的中心点或局部空间的中心点，也可以是两个空间的功能节点，或交通节点，如图 3-151～图 3-153 所示。

3.2.5 标志物

标志物是外部观察参考点，其物质特征在某种程度上具有唯一性，通常是令人难忘的、显著的。在适当的位置（这个位置可以是构图

图 3-150　广场上不同的区域
利用四角的雕塑划定广场范围，利用台阶围合入口区域、水景区域及主题标志物。

图 3-151　广场的空间节点 1
广场中心的下沉空间是其空间节点，雕塑为广场的标志物。

图 3-152　广场的空间节点 2
广场入口处的上升空间是其空间节点，雕塑为广场的标志物。

图 3-153　城市的空间节点
广场作为城市的空间节点，起到疏导交通的重要作用。

图 3-154　舒乌伯格广场的标志
红色互动式水压灯是广场的标志，也是鹿特丹市的标志。水压灯高 35m，每隔 2h 改变一次形状，游人可以通过投币来操纵灯的悬臂，改变其角度。

而标志物处于恰当的位置、拥有恰当的尺寸会使区域的意象进一步加强。因此，在广场设计中需要合理设置观赏点与观赏景物之间的距离。若景物高
【雕塑与人体的尺度】

度为 H，人与景物之间的距离为 D，当 D：H=1 时可以观察景物的细部；当 D：H=2 时，可以观察景物的整体；当 D：H=3 时，可以观察景物整体与周边环境，如图 3-155 所示。同时，标志物的特征要与区域保持一致。

的中心，而不需要是几何中心）设置中心标志物，对人们感知方位具有重要的意义，同时也能对环境整体起到一定的控制作用。例如，高度可见的纪念碑、雕塑、喷泉、植物、指示牌、路灯等都可能成为引人注目的标志物，如图 3-154 所示。标志物尺寸过大会丧失尺度感，使它所在区域的其他事物黯然失色，

图 3-155　雕塑与人体的尺度　付晓峰 摄

凯文·林奇的"要素"既可以构成整体系统，又可以独立存在，比如区域由节点组成，由边界限定范围，道路（铺装）穿行其间并排布一些标志物，设计元素之间有规律地重叠穿插。凯文·林奇的"要素"本身是中性的，并不一定追求某种"范式"，比如边界有好的边界也有坏的边界。城市意象"要素"是基于观察者的主观感受和评价而得出的，各个"要素"的功能和含义可能出现重叠，比如作为广场重要区域的雕塑广场或者入口广场，也可以看作更大区域范围（城市）的节点或者标志物，如图 3-156 所示。

城市意象研究的重点在于对物质空间形态及其各要素之间的关系的研究。现实中，意象空间是实际空间对观察者造成刺激后使观察者脑内产生的反应，意象空间的产生过程实质上是观察者对实际空间逻辑思考的过程。这种反应的刺激源不局限于实际空间本身，还包含实际空间中无形的"氛围"。这种"氛围"即非物质要素，包括居民生活的行为和活动，还包括与之相关的历史文化，表现为与居民的精神生活息息相关的民俗、宗教、语言等。

图 3-156　要素的互换
广场的中心区域与标志物，同时也是费城重要的城市交通节点与标志物，坐落于城市的重要轴线上。

3.3 广场的空间尺度

3.3.1 环境感知

环境感知就是人们识别和理解环境的方式，可以简单理解为从环境中得到信息。相关研究发现，人们由感觉获得的信息按下述比例发生：视觉占78%，听觉占13%，嗅觉占3%，触觉占3%，味觉占3%。

触觉和味觉需要直接接触才能感知，视觉、听觉和嗅觉可以相隔一定的距离进行感知，但感知的范围和强度同样有着明显的局限性，如图3-157所示。嗅觉的工作范围非常小，在不足1m的距离内，人们能闻到他人头发、皮肤和衣服上散发出来的较弱气味，香水或别的较浓气味可以在2～3m外闻到。超过这一距离，人仅能嗅出浓烈的气味。人的听觉范围一般在7m以内，人们在这一距离内进行交谈没有困难。在约30m的距离内，人们仍可以听清楚演讲，或建立起问答式的语言关系，但不太可能进行实际的交谈。超过35m，人们倾听别人话语的能力就大大降低了。视觉是人感受外界环境的主要途径，在约100m外，人们可以分辨出具体的个人，这个距离

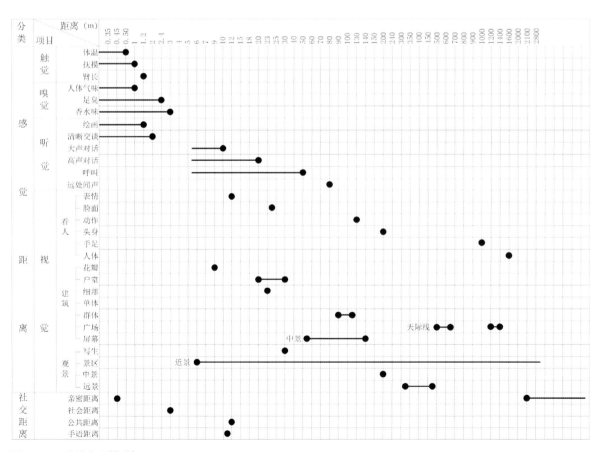

图3-157 距离与环境感知

是了解、认知他人的距离界线，被称为"社会性视域"。在约30m外，人们能看出他人的年龄、发型和面部特征，也能认出不常见面的人。当距离缩小到20～25m，大多数人能捕获他人的表情。这时，见面才开始变得真正令人感兴趣。距离再近一些，其他知觉开始补充视觉，人们获得信息的数量随之增加。

在对外部世界的感知中，寻求变化是人的天性，单调的环境会造成人心理上的不快，降低工作效率，但是环境刺激过多也会导致感觉超载和混乱。一般地，人偏爱中等复杂程度的刺激。环境刺激的多样性能够加深人对环境的印象，调动人在空间中的活动欲望，进而激发空间活力。

3.3.2 空间尺度

根据人的五官感受和社交空间，可将广场划分为3种空间尺度。

第一种尺度是25m见方的空间尺寸。日本学者芦原义信指出："要以20～25为模数设计外部空间。"在这个范围内可以看清人的面部表情，人与人之间容易交流，而且感觉比较亲切。

第二种尺度是110m见方的场所尺寸。根据我们的视力调查，一旦超出110m的范围，人就只能看清事物的轮廓。一旦超过这个尺寸，广场就会显得宽阔，人会觉得自己很渺小，失去亲切的场所感。

第三种尺度是390m见方的领域尺寸。纪念性广场会采用这样的尺寸，给人宏伟、深远的感觉。

广场面积通常在0.5～5万平方米，但超过1万平方米的广场已开始变得不亲切，2万平方米以上的广场便显得过分宏大。圣马可广场被誉为"欧洲最美的客厅"，它的面积只有1.28万平方米。

部分著名广场的面积见表3-11。

国外的广场设计很重视人的心理感受。如图3-158所示，美国佩雷公园面积虽小，仅有390m^2，但是它为人们提供了一个感受大自然的绝妙休闲场所，备受人们青睐。

表3-11 部分著名广场的面积

位置	威尼斯	罗马	巴黎	锡耶纳	北京	莫斯科
广场名称	圣马可广场	市政（卡比托利欧）广场	旺多姆广场	坎波广场	天安门广场	红场
广场面积（hm^2）	1.28	0.39	1.73	1.21	44	9.1

图 3-158 美国佩雷公园
在繁忙都市中为人们提供一个庇护所，供人们休憩放松。

【美国佩雷公园】

在城市整体空间中，不同的广场平面尺度会产生不同的公众形象，较大空间比较小空间给人的印象要浅。事实上，在超过某一限度后，广场越大，给人的印象越模糊。卡米诺·西特认为给人深刻印象的城市广场面积不会太大，小尺度的广场会让人感到愉快而亲密。而得到普遍认可的城市广场如圣马可广场、威廉姆斯广场等也都是小面积的广场。

由此可以看出，城市广场趋向小型化，受城市规划、周边建筑、广场自身功能定位等因素的影响。设计师可以根据前人的设计尺度和模数经验，对城市广场的面积进行定性、定量的调控，使广场成为宜人、亲和、生动的城市空间。

3.3.3　城市微空间

城市"微空间"的概念源于"口袋公园"，发展至今已经衍生出众多类型，如口袋公园、街头广场、建筑前广场等。

1. 口袋公园

口袋公园（Pocket Park）又称"袖珍公园"，是为当地居民提供的小型城市开放空间，通常隐藏在城市的结构中。口袋公园是对小场地进行绿化，重新配置座位等便利的服务设施。街道上的小绿地、广场，街道中的花园，社区的小运动场，建筑前的广场等，都是常见的口袋公园。

风景园林师罗伯特·泽恩于 1963 年提出口

袋公园的概念，以往美国公园管理部门要求公园的面积不小于1.2公顷，这样的面积在人口密度高、土地资源稀缺的城市中心几乎是不可能实现的，于是罗伯特·泽恩提出建立呈网络斑块状分布的小公园系统——口袋公园。这种新型公园从车行和步行交通流线中分离出来，只有15～30m的范围，是一个尺度宜人、远离噪声，围合而有安全感的开放空间。口袋公园有便于到达、数量众多、方便利用的特点。1967年，纽约53街的佩雷公园正式开放，这一新的城市公共空间形式的出现，标志着口袋公园的正式诞生。

佩雷公园占地390m^2，1967年建成使用，属于私人拥有、建造、维护并捐赠给公众的慈善项目。公园三面环墙，前面是开放式入口，面对着大街。入口为一条四级阶梯，两边是无障碍斜坡通道。广场由花岗岩块石铺装，成行排列的美国皂荚树组成树阵，形成光影斑驳的树荫，两侧建筑的墙面上覆盖着常青藤。正对入口的瀑布墙高约6m，成为视线焦点和生机勃勃的背景，跌水声更是淹没了城市车辆产生的噪声。路人看到的则是一个生机盎然的绿色景观。佩雷公园得到了很高的赞誉，成为口袋公园的典范。从某种意义上说，它以自己独特的方式实现了和中央公园同样重要的价值意义。

2. 我国城市微空间的发展

党的二十大报告提出："坚持人民城市人民建、人民城市为人民……"这进一步明确了中国城市建设与中国特色社会主义制度的本质联系。城市是人民的城市，须精准把握城市性质、规律、"生命体征"、战略使命，建设让人人都有人生出彩机会、人人都能有序参与治理、人人都能享有品质生活、人人都能切实感受温度、人人都能拥有归属认同的城市生命体和有机体。伴随我国城市建设发展由增量转为存量，城市用地更加追求高效、紧凑、集约利用，留给城市公共空间的开发储量也日益收缩。在城市由量的扩展向质的提升转型中，人们对城市空间的诉求也从"大而广"逐渐转变为"小而精"。2018年北京提出以城市为中心，充分利用城市空间，建设口袋公园与微小绿地。2020年11月底在上海举行的城市空间艺术季，也对如何加强公共空间精细化设计，打造高品质空间进行了探讨。近年来城市建设者充分意识并肯定了城市小微空间的价值。我国许多城市已经率先展开微空间活力与品质提升的实践，如上海从2016年至2018年展开"社区空间微更新计划""美丽家园""缤纷社区"等项目，北京在2017年至2020年间先后以"胡同微更新""微空间·向阳而生""小空间·大生活"为主题展开微空间改造，武汉在2019年至2021年间多次选取微空间试点进行方案征集并推进实施，济南政府在2021年提出要精雕细琢城市小微空间。2024年3月12日，全国绿化委员会办公室发布的《2023年中国国土绿化状况公报》指出，2023年全国开工建设"口袋公园"4128个。

3.4 广场的空间组织

3.4.1 空间序列的开始

起始刺激容易引起人的无意识注意，通常也保留最久。入口作为空间序列的开始，是广场空间与外部空间的临界区域，具有引导和强调的复合功能，需要进行重点处理。

西方传统广场空间一般由建筑围合而成，建筑物是形成广场空间的实体界面，这种广场的入口就是建筑界面中断的部分或者建筑的一侧。如果将广场入口设计为四角封闭而在中央开口，就对广场四周建筑形态有较大限制，建筑成为真正的广场大门，这样的选择对确定广场的轴线关系很有帮助，适合在广场中央布置雕像、水体作为对景，体现庄重的空间氛围，如图3-159所示。如果广场入口开在四角，道路从四角与广场连接或进入广场，提供了便利的进入途径，提高广场的可达性，还可以有效发挥广场的环境作用，对周边街道、建筑的品质产生正面的影响，如图3-160所示。但如果道路穿过入口直接进入广场，将广场周边的建筑与广场地面分开，会明显干扰广场的空间序列，造成空间的涣散。

现代广场不像古典广场那样由建筑四面围合而成，有些是三面或两面围合，其他面开敞，有些甚至完全不用建筑围合，而是建在一块开敞的空地上，或是作为某个重要建筑的附属空间。这类广场的边界一般由城市道路连接或环绕。如果将与道路相对的建筑作为主体建筑，广场会有很好的

图3-159 建筑四面围合所形成的广场　施继光 摄
选择特殊建筑立面作为主入口的背景，通过设置膜结构的建筑物突出广场的边界与入口，使主入口与中心广场形成景观中轴线。

空间感，因此这个建筑及延伸的广场景观是人们视线的焦点，需要进行精心设计，而与建筑主要立面相对的广场边界自然就成为广场的主要入口。这个入口对广场来说实在太大，难以形成完整的广场空间，因此设计师常常在广场与道路相邻的一侧布置喷泉、雕塑、座椅、花坛、绿化带等，强调开敞区域的入口。人们进入广场后，会看到道路上来往的人流与车流，给广场增添动感与活力。

图 3-160　建筑四面围合，四角开口的广场　施继光 摄
利用台阶来划分广场的边界，并形成入口空间

图 3-161　纽约联合广场的入口空间

当广场沿着城市道路布置时，多数设计成开敞式的，拥有多个出入口，甚至是四面完全开敞的空间。可以通过规整的树阵、花坛、台阶、景墙、绿化带等设施限定车行，强调广场的空间范围；结合水体、雕塑等景观设计丰富入口空间，引导人们进驻广场，从而避免入口平淡无奇、缺乏人性化设计。对于没有建筑围合的完全开敞的广场空间，则可以在主要人流交通汇集段通过地面铺装的变换和对比、场地高差的区分，使广场空间从连续整体的广场边界区域内凸显出来，以吸引人们的注意力，传递广场入口空间形象和信息，如图 3-161 所示。营造良好的入口空间，最重要的是创造层次丰富、富有变化的过渡空间。

3.4.2　确立主题或标志性空间

传统广场大多有一个主题，中世纪时期主要以教堂或市政建筑为中心安排空间关系。此时期由于广场尺度不大，中心部位一般不建标志物，主题一般由处于背景的建筑表现，形成便于开展宗教活动和市民活动的城市公共环境。文艺复兴以后，广场规模逐渐扩大，中心空间逐渐开阔，给广场空间的再次定位提出了要求。古典主义时期的法国，几乎每一个广场的中心都安排了纪念性雕塑或喷泉之类的主题物，从而使广场空间获得了变化，丰富了空间形态。

按照空间构成原理，一个点状物体在环境中所占用的实际空间并不多，但却可以形成一个被其控制的场，就像在空屋子里放上一把椅子，围绕椅子划定了一圈无形的空间范围，这是制造虚拟空间常用的手法。在开阔的广场空间中设置主题景观，除显示广场主题之外，事实上产生了空间细化作用，对空旷的广场进行了切割。

这种空间处理的手段，在现代城市广场设计中得到了深入的发展和广泛的应用，只是主题内容有所改变，外在形式有所不同而已。一棵树、一块景石、一件日常生活中的普通物品，甚至一组座椅、一段绿篱都可以成为创造空间的手段。

威廉姆斯广场就是很好的典范，如图3-162所示。它位于美国得克萨斯州一个新开发区的中心，是一个构思新颖、别具特色的现代城市广场。广场上奔腾的野马群雕给人深刻的印象，其艺术构思来自一位颇有见识的业主。他认为野马象征着新大陆的开拓，只有早期的开拓者才目睹过大草原上野马群疾驰而过的壮丽景象。为了与广场的尺度（61m×91m）相吻合，马的雕塑相比真马被放大。雕塑制成后，经过多次试放才确定其在广场上的位置。喷泉模拟马过水面时水花飞溅的景象，使得整个马群形象生动，颇似从远方的大草原奔来的一群骏马。广场的场地设计则运用抽象原则，用开阔的场地象征得克萨斯州无边无际的大草原。花岗石的铺地色彩有变化，用来象征草原被水冲刷后裸露出来的地面，避免了大面积铺地的单调感。围合广场的3栋高层建筑，被设计成雕塑的背景，其立面处理得平淡朴实，突出了野马雕塑这一主题。

如图3-163所示，这一广场呈现极为平淡的形态，作为重要元素的边界建筑毫无特色，比例尺度也不协调。但是，当主题标志——一组奔

【威廉姆斯广场】　【野马雕塑】

图3-162　威廉姆斯广场

图3-163　威廉姆斯广场上的野马雕塑

马在广场上形成新的空间关系后，整个广场的面貌发生了戏剧性的变化，边界上巨大体量的建筑好像完全消失，广场由围合性空间变成了中心控制性空间。由于场地过于空旷，威廉姆斯广场重新对空间进行了整合改造。

3.4.3　广场的空间组织

一个广场通常能容纳多个子空间，即由不同形态和功能的景观空间组成整个广场的形态面貌。根据私密的程度可以将子空间划分为私密空间、半私密半公共空间和公共空间；根据功能可以将空间划分为入口空间、活动空间、休憩空间、展示空间等。

广场的空间组织与布局应首先考虑主要空间节点，其次应兼顾其他场地人流活动的可能性。只有这样，才能保证无论沿着哪一条轴线活动，都能看到一连串系统的、完整的、连续的画面。彭一刚在《建筑空间组合论》中，将外部空间序列组织概括如下：一是沿着一条轴线向纵深方向逐一展开；二是沿纵向主轴线和横向副轴线作纵向、横向展开；三是沿纵向主轴线和斜向副轴线同时展开；四是作迂回、循环形式的展开，如图3-164、图3-165所示。

利用轴线组织空间，可以给人方向明确、统一的感觉，也可以形成一整套完整而富

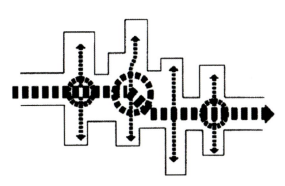

图 3-164 沿主轴线向纵深方向展开的空间组织

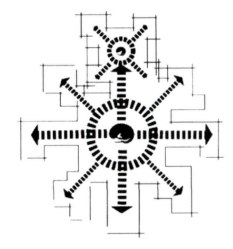

图 3-165 同时沿纵向和横向轴线展开的空间组织

有变化的序列空间。迂回、循环形式的组织空间如同乐曲，给人一种可以自由流动的连续空间感，拥有动态视觉美感。图 3-166 所示的罗马圣彼得广场，利用轴线，将圣彼得大教堂、列塔广场、方尖碑广场、鲁斯蒂库奇广场串联起来，构成有序、完整的组群空间。

图 3-166 圣彼得广场的空间组织

3.4.4 广场的空间联接

广场空间的交接处常常会出现重叠，相互间没有明确的界线，也没有过渡性空间，整个序列几乎可以看作一个不规则的复合空间形态，是非常紧凑的组合方式。这种组合方式的特点是从一个空间单元到另一个空间单元的变化不明显，空间的整体性强。这样的序列空间常常被当作一个广场空间来使用。

圣马可广场事实上是一个广场序列，它由两个不同大小的梯形广场组成。其中大广场 1.32 公顷，小广场 0.45 公顷，前者的面积是后者的 3 倍左右。圣马可广场系统的最大优势在于两个梯形广场主轴线的方向变化，它们基本上互相垂直，并且在轴向上有着明确的对景：圣马可教堂和圣乔治岛，使空间变化和视觉景观得到充分保证。圣马可广场也可以被看作"L"形的广场，这个形态的凹点，即钟塔所在处，是两个梯形空间重叠的区域，如图 3-167 所示。

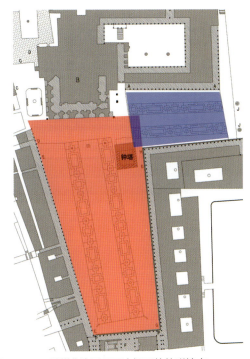

图 3-167 钟塔作为圣马可广场系统的联接点

复习与思考

1. 广场设计的物质要素包括什么?
2. 你认为广场多大尺度是适宜的?请举例说明。

第4章
园林绿化的功能

教学要求与目标

教学要求：通过本章节的学习，学生应当了解园林绿化的三大效益，即社会效益、生态效益、经济效益，重点掌握园林植物的建筑功能。

教学目标：通过本章的学习，使学生了解园林绿化可以美化城市、陶冶情操、防灾避难、调节碳氧平衡、调节温度和湿度、净化空气、净化土壤、蓄水保土、通风防风、降低噪声，还具有经济效益。设计师应能够熟练运用植物构成空间、屏蔽和障景、框景。

本章教学框架

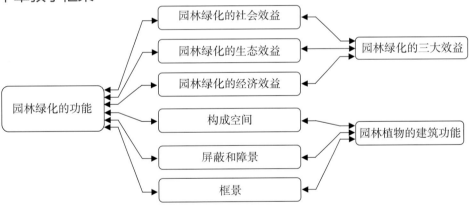

4.1 园林绿化的三大效益

"绿化"一词是20世纪50年代初由俄文"Озеление"翻译而来的，即种植花草树木等，以达到净化空气、美化环境的目的。其含义有广义与狭义之分。从广义上说，绿化指全国范围内的大地绿化，包括城乡、山河的绿色自然环境的保护及大片树木和花草的人工种植。从狭义上说，绿化特指城市或某些特定区域的绿化，如广场绿化、公园绿化、工厂绿化。绿化的本质仍然是追求自然美，但"化"是人工化、人文化，所以绿化是经人工艺术再创造的自然美。

4.1.1 园林绿化的社会效益

1. 美化城市

园林绿化能美化城市，丰富城市建筑群体的轮廓线，增强艺术效果。同时能遮挡有碍观瞻的景观，使城市面貌更加整洁、生动、活泼，并可以利用绿化植物的不同形态、色彩和风格来实现城市环境的统一性和多样性。

2. 陶冶情操

园林绿化不仅能给城市增添生机与活力，而且能陶冶人们的情操，给人以精神上的享受。泉水淙淙、鸟鸣啾啾、雨打芭蕉是听觉艺术；园林植物的线条、色彩是视觉艺术；沁人心脾、令人陶醉的香气是嗅觉艺术。

3. 防灾避难

（1）植物能过滤、吸收和阻隔放射性物质，在战争时期，还能阻挡弹片的飞散，对重要建筑、军事设施起隐蔽作用。

（2）绿色植物的枝叶含有大量水分，可以阻止火灾蔓延。在容易起火的田林交界、入山道路等处营造生物防火林带，可以有效阻止森林火灾的发生。防火树种的特点是所含树脂少、不易燃烧、萌芽力强、着火时不易产生火焰。如刺槐、核桃、银杏、大叶黄杨、女贞等都是防火树种。

（3）公园绿地也是防灾避难的场所。如1923年日本关东发生大地震，同时引发大火灾，植物的阻燃功能防止了火势的蔓延，尤其是绿篱，有降低热辐射的作用，保证避难通道能疏散居民。《城市绿地规划标准》（GB/T 51346—2019）中规定，绿地应与城市综合防灾规划相协调，应包括长期避险绿地、中短期避险绿地、紧急避险绿地和城市隔离缓冲绿地。城市绿地在城市防灾避难中起着不可替代的作用，在突发的自然灾害面前，城市绿地可作为逃生场地、紧急疏散通道和货物存储区等防灾空间使用，可以减少财产损失和人员伤亡。

4.1.2 园林绿化的生态效益

1. 调节 CO_2 平衡

人一天不吃饭、不喝水还不至于丧命，但是人一刻也不能离开空气，空气是人类赖以生存的物质。

植物能进行光合作用，是大气中 CO_2 的天然消费者和 O_2 的天然制造者，起着使空气中 CO_2 和 O_2 相对平衡、稳定的作用。据测定，$1km^2$ 草坪每天能通过光合作用吸收900kg的

CO_2，放出 650kg 的 O_2，若每人拥有 25k㎡ 的草坪，就能把呼出的 CO_2 全部转化为 O_2。

2. 调节温度、湿度

一般人感觉最舒适的气温为 18～20℃，相对湿度以 30%～60% 为宜。夏季树荫下的气温较无绿地处低 3～5℃，较建筑物地区可低 10℃ 左右。因为植物在蒸腾过程中要消耗大量热量，而这部分热量来自周围空气，因此植物的降温作用比遮阴作用更大。

园林植物可以通过叶片蒸发大量水分，提高空气湿度。据报道，每公顷草坪每年要散发 6000～7000m³ 水分，这样可增加空气湿度，从而调节城市气温，故草坪有"天然散热器"之称。冬季草坪上的风速，要比裸露地面低 10%，而温度则升高 3～5℃，湿度增加 5%～18%。

3. 净化空气

园林植物能稀释、分解、吸收和固定大气中的有毒、有害物质，还能分泌各种挥发性物质，杀死细菌、真菌。如柠檬桉、悬铃木、紫薇、圆柏、橙、白皮松、柳杉、雪松等，都是杀菌能力较强的城市绿化树种。其他如臭椿、马尾松、杉木、侧柏、樟树、枫香树等也有一定的杀菌能力。

树木繁茂的枝叶具有较强的滞尘能力，如刺楸、榆树、朴树、重阳木、刺槐、臭椿、悬铃木、女贞、泡桐树等树种的防尘效果较好。另外，植物还能监测大气污染程度。

4. 净化土壤、蓄水保土

植物能够吸收、转化、清除和降解土壤中的有害物质，有的植物还能分泌具有杀菌作用且能促进有益微生物生长的物质，从而起到治理土壤污染的作用。这种"植物修复技术"被广泛应用于土壤重金属污染的治理方面。

植物对水土流失的控制作用表现在以下几个方面。一是减少地表径流。降雨时，50%～80% 的水量被林地上厚而松的枯枝落叶层吸收，逐渐渗入土壤，形成地下径流，起到紧固土壤，固定沙土石砾，防止水土流失、山塌岸毁的作用。二是树冠截留。自然降雨时，将有 15%～40% 的水量被树冠截留或蒸发。三是植物具有盘根错节的根系，长在山坡上具有防止水土流失的作用。植物的根系、地被等低矮植物可作为护坡的自然材料，减少土壤流失或沉积。若在自然排水沟、山谷线、水流两侧种植湿生植物，则能稳定岸带和边坡。

5. 通风防风

城市带状绿化包括城市道路与滨水绿地，是城市绿色的通风渠道，特别是在带状绿地的方向与该地的夏季主导风向一致的情况下，可以趁着风势将城市郊区的气流引入城市中心地区，在夏季为城市创造良好的通风条件。而在冬季，大片树林可以降低风速，发挥防风作用，故在冬季盛行风的垂直方向种植防风林带，可以降低风速，防阻风沙。改善气候城镇周围的防风林带，可以防止台风的袭击，如图 4-1 所示。据测定，城郊防护林冬季可以降低风速 20%，夏季、秋季可以降低风速 50%～80%，如图 4-2 所示。

不同结构林带的防风效果（以旷野风速为 100%）见表 4-1，东北防风林适宜的结构与树种见表 4-2。

图 4-1 防风林种植在冬季盛行风的垂直方向

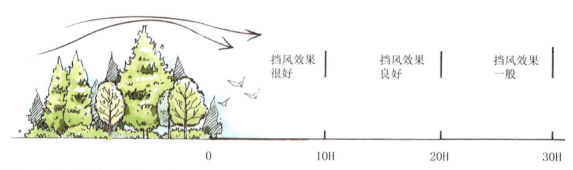

图 4-2 防风林的水平防护效果示意图

结构紧密的防风林会因密不透风而造成回流，防护范围反而小。疏透度为 50% 的林带防风效果最好，当 H 为防风林的高度时，其有效防护距离为 30H，而距离为 10H 时防风效果最好。实际营造防护带时，有效的水平防护距离以林带高度的 15～25 倍来计算。

表 4-1 不同结构林带的防风效果（以旷野风速为 100%）

林带结构					不同位置相对风速				
结构类型	透风系数	疏透度/（%）	有效防风距离林带高的倍数	最佳位置	0～10	0～15	0～20	0～25	0～30
紧密结构	<0.3	<20	10～25（以20倍作标准）	与主导风向垂直	37	47	54	60	65
疏透结构	0.4～0.5	30～50			31	39	46	52	57
透风结构	>0.6	>60			30	40	44	49	54

表 4-2 东北防风林适宜的结构与树种

最佳林带结构	最佳树种选择	东北防风树种
疏透度为 50%	抗风能力强、生长快、寿命长、叶小、树冠为尖塔形或圆柱形的乡土树种	杨、柳、榆、桑、白蜡、桂柳、扁柏、化柏、紫穗槐、槲树、蒙古栎、春榆、水曲柳、银白杨、云杉、冷杉、落叶松、银杏、麻栎等

6. 降低噪声

许多研究材料表明，植物特别是林带对防治噪声有一定的作用。据测定，40m 宽的林带可以降低噪声 10～15 分贝，30m 宽的林带可降低噪声 6～8 分贝。在公路两旁设置乔木、灌木，搭配 15m 宽的林带，可降低一半噪声。快车道的汽车噪声，穿过 12m 宽的悬铃木树冠，到达树冠后面的 3 层楼窗户时，与穿过同距离的空地相比，削减量为 3～5 分贝。通常乔、灌、草相结合的结构减弱噪声效果最佳，高大、枝叶密集的树种隔声效果较好。

林带宽度与减弱噪声的效果见表 4-3。

表 4-3　林带宽度与减弱噪声的效果

林带宽度 / m	10	20	30	40
减弱噪声 / %	30	40	50	60

4.1.3　园林绿化的经济效益

植物所产生的经济效益，是指它为城市提供的公益效能数量和质量，分直接经济效益和间接经济效益。直接经济效益指园林景观门票、服务的直接收入；间接经济效益指园林景观所形成的良好生态环境效益和社会效益。经济效益包括园林景观建设、内部管理、服务创收和生态价值，是建设管理的出发点。

4.2 园林植物的建筑功能

营建广场景观时，植物可成为空间结构的主要要素，它可以创造空间，屏蔽或强化景观。植物本身就是三维空间的实体：各种爬藤植物形成的棚架像屋顶，平整的草坪像地板，绿篱像隔墙，因此植物也具有一般建筑元素的特性，具有构成空间的潜能。

4.2.1 构成空间

空间由基面、垂直面及顶面单独或共同组合而成，具有实在性或暗示性的围合范围。植物能像地板、墙、天花板（基面、垂直面、顶面）一样围合空间。将不同植物组合，可形成各式各样的空间效果，如踝高植物有覆盖地表的作用，膝高植物有引导的作用，腰高植物有控制交通的作用，且能产生包围感，胸高植物可以分割空间，而高过眼睛的植物则能产生被包围的私密空间感。一般情况下，低矮的植物可以暗示空间的范围，如图4-3、图4-4所示。植物的栽植，经过巧妙地安排和设计，可以强化空间的功能或提升空间的趣味。

在基面上，不同高度和不同种类的地被植物草坪、一年生花卉、两年生花卉、宿根花卉、矮灌木等都能引起园林地面形式的变化，材质的改变和地表植被的微小高差意味着景观空间在地面上的边界，暗示空间的变化。从某种程度上说，判断一个设计的水平，要观察设计师对细部的处理能力。利用低矮的地被植物作为空间的限制因素，可以将边界处理得更加清晰、细腻。如种植在分隔带或小路两旁的矮灌木，具有在不影响行人视线的前提下将行人限制在人行道上的作用。此外，花卉因其灿烂、欢快的色彩而具有强烈的视觉效果，极具吸引力，能刺激人的感官。设计师可利用花卉种类繁多，颜色各异，质地、大小、形状多样的特点，来暗示空间的范围。

乔木、大灌木和藤蔓植物作为围合物，以垂直面的形式限定了空间的边界，较低矮地被形成的开敞空间稍有封闭，限制了视线的穿透，可以形成半开敞的私密空间。空间的封闭度是随围合植物的高矮、大小、株距、密度及观赏者与周围植物的相对位置而变化的，如图4-5～图4-8所示。

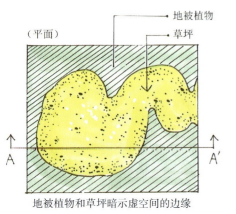

地被植物和草坪暗示虚空间的边缘　　植物高度与人体尺度对比

图 4-3　低矮的植物可以暗示空间的范围

第 4 章 园林绿化的功能 / 119

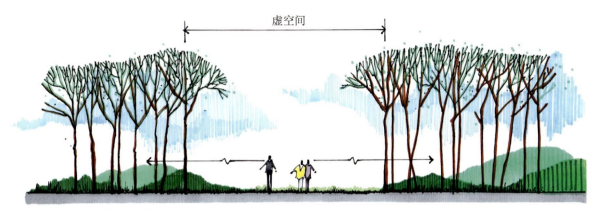

图 4-4 树干构成虚空间的边缘

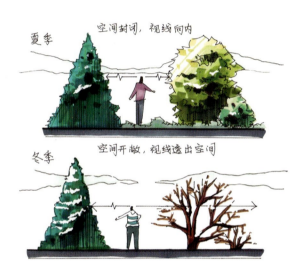

图 4-5 常绿植物终年都有空间封闭效果

图 4-6 树冠的底部形成空间的顶平面

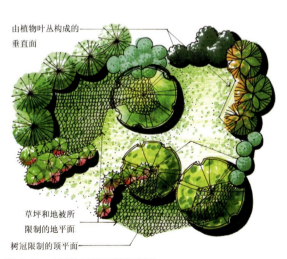

图 4-7 由植物材料限制的空间

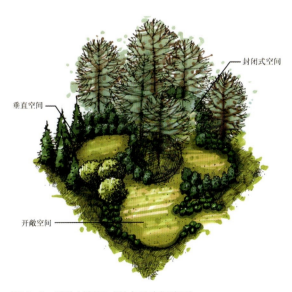

图 4-8 植物材料形成的各种空间类型

藤蔓植物利用花架、廊柱、灯柱、大树、棚架等形成绿廊、绿门、绿亭控制顶平面，形成一个半透明或局部开放的空间。在室外景观环境中，利用各类地被植物有机地将基面、垂直面和顶面组合在一起，共同形成有着不同使用功能和感觉的空间。

到此为止，我们已经集中讨论了植物在景观中控制空间的作用。但应该指出的是，植物通常与其他要素相互配合共同构成空间。例如，植物可以与地形相结合，强调或消除由于地形变化所形成的空间。如果将乔木、大灌木植于凸地或山脊上，便能明显地增加地形凸起部分的高度，随之增强相邻的凹地或谷地的空间封闭感，并能提供高密度的防风、防噪声屏障。与之相反，若将其植于凹地或谷地的底部或周围斜坡上，将减弱甚至消除最初由地形所形成的空间。因此，为了增强由地形构成的空间效果，最有效的办法就是将乔木、大灌木植于地形顶端，与此同时，在凹地种植低矮地被如草坪、花卉、矮灌木等，让低洼地区变得更加通透，如图4-9所示。

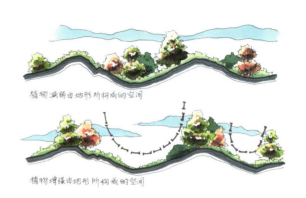

图 4-9　利用植物来增强或减弱由地形创造的空间

4.2.2　屏蔽和障景

在园林景观设计中，植物的另一个建造功能是屏蔽和障景。椭圆形、尖塔形灌木如直立的屏障，能控制观赏者的视线，使观赏者将美景收于视线之内，而将俗物障于视线之外，遮掩那些不理想、难以处理的角度和线条。具有大而密的树叶或者密集枝条的植物能完全屏蔽视线，而叶小、枝条结构稀疏、叶片较少的通透植物，则能达到漏景的效果。障景的效果与地被植物的高度、分布、配置方式，观赏者与被障物的距离及地形等因素相关，如图4-10、图4-11所示。

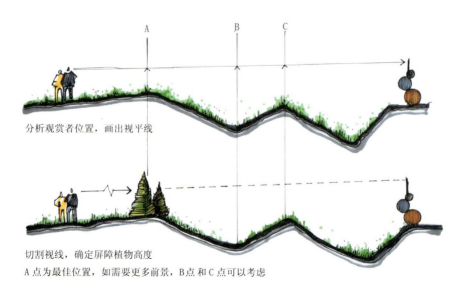

图 4-10　利用植物进行障景设计的过程

4.2.3 框景

植物对展现景观的空间序列有直接的影响。例如，景区入口的设计十分重要，设计师必须慎重选择入口位置，或用框景来强调入口位置，并在通道两侧栽植大、中型灌木和地被植物以形成夹景。框景的目的在于有效地将观赏者的注意力吸引到特定的景观前，并尽可能勾勒出吸引力稍差的配景。例如，植物集中种植构成的前景多用于遮挡附近的景观，而较大的框景则用于强调远处的景观，如图 4-12 所示。框景多与入门通道或门廊相连，应用大型直立灌木或具有水平分枝的小型乔木可取得最佳效果。处理转角地段或表现需要强调的景物，也可以应用具有雕塑般外形的小乔木或大型灌木。

复习与思考

1. 园林绿化有什么效益？
2. 园林植物有什么建筑功能？

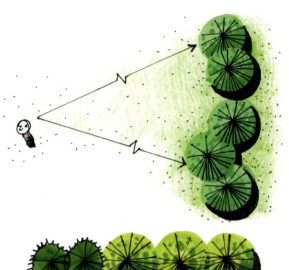
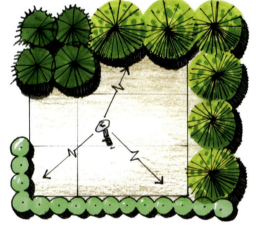

图 4-11 利用植物形成障景的同时保证空间的私密性

图 4-12 植物的框景作用

第 5 章
广场的植物配置

教学要求与目标

教学要求：通过本章的学习，学生应当了解园林植物的分类、观赏特性、配置原则及广场植物的种植。

教学目标：培养学生植物造景的能力，使学生了解园林植物的分类方法，园林植物的色彩美、形态美、香味美、声音美和意境美等观赏特性，重点掌握植物的选择原则、种植方式及绿化的相关指标。

本章教学框架

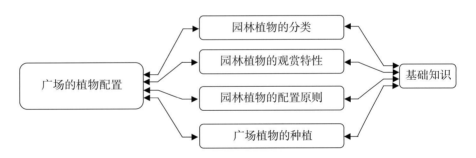

5.1 园林植物的分类

5.1.1 依据植物的生长类型分类

依据植物的生长类型，园林植物的基本分类如图 5-1 所示。

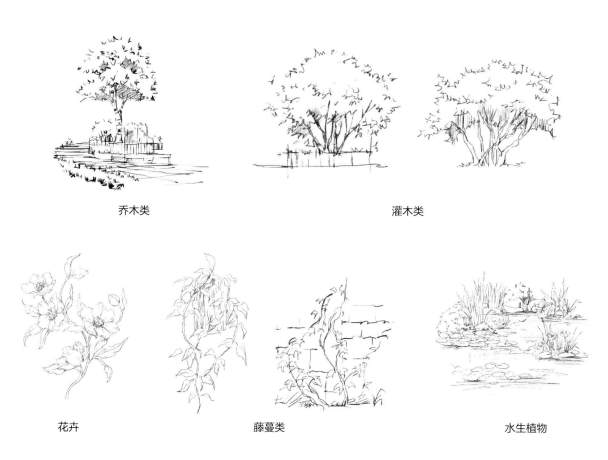

图 5-1 园林植物的基本分类

1. 乔木类

乔木类树体高大，一般在 6m 以上，具有明显的高大主干。根据高度可以分为伟乔（30m 以上）、大乔（21～30m）、中乔（11～20m）及小乔（6～10m）4 个等级。此外，根据树木的生长速度可以分为速生树、中速树、慢生树三类。还可以根据冬季落叶与否分为常绿树和落叶树。

2. 灌木类

灌木通常有两种类型，一类是树体矮小（6m 以下）、主干低矮者；另一类是树体矮小且无明显主干，茎干自地面生出，多数呈丛生状者，又称丛木类，如绣线菊、连翘、榆叶梅等。

3. 花卉

园林花卉主要指草本花卉和多年生花卉。

草本花卉分为一年生花卉、二年生花卉和多年生花卉。在一年内完成一个生活周期，称一年生花卉，一般春天播种，夏秋开花、结实，而后枯死；在两年内完成一个生活周期，称为二年生花卉，一般秋天播种，幼苗越冬后在翌年春夏开花、结实，而后枯死，如鸡冠花、凤仙花、羽衣甘蓝、三色堇、金盏菊、雏菊等都属于二年生花卉。

多年生花卉（图5-2）指个体寿命超过两年，其地下部分经过休眠，能重新生长、开花和结果的花卉，又分为宿根花卉和球根植物。宿根花卉如菊花、芍药、荷包牡丹、萱草、玉簪等。球根植物又分为球茎类、鳞茎类、块茎类、根茎类、块根类。

4. 藤蔓类

藤蔓类植物地上部分不能直立生长，须攀附于其他支持物向上生长。根据其攀附方式，可分为缠绕类（如葛藤、紫藤等），钩刺类（如木香、藤蔓月季等），卷须及叶攀类（如葡萄、铁线莲等），吸附类（吸附器官多不一样，如凌霄是借助吸附根攀缘，爬山虎借助

图 5-2　多年生花卉

吸盘攀缘）。在城市绿化空间越来越小的今天，这类用于垂直绿化的植物受到重视。

5. 水生植物

水生植物生长在水中，形成了对水分不同的生态习性和适应性。可以根据园林植物对水分的要求，将其分为水生、湿生、中生、旱生4个生态类型。也可以按习性将其分为浮生植物、沼生植物、浅水植物、中水植物、深水植物。

常见水生植物见表5-1。

表 5-1　常见水生植物

植物名	科别	特性	适宜水深/m
菱	菱科	一年生浮叶水生草本	3.0～5.0
莲	睡莲科	多年生水生草本	0.5～1.5
睡莲	睡莲科	多年生水生草本	0.25～0.35
莲蓬	睡莲科	多年生浮水草本	浅水
凤眼莲	雨久花科	多年生水生草本	0.3～1.0
慈姑	泽泻科	宿根水生草本	0.10～0.15
水芋	天南星科	多年生草本	0.15以下
蒲草	香蒲科	多年生宿根草本	0.3～1.0
水葱	莎草科	多年生挺水草本	沼泽或浅水
莼菜	睡莲科	多年生宿根草本	0.3～1.0
水芹	伞形科	多年生沼泽草本	0.3～1.0

5.1.2 依据植物对环境因子的适应能力分类

1. 依据气温因子分类

树木依据其最适应的气温带，可分为热带树种、亚热带树种、温带树种及寒带树种。在进行树木引种时，分清树种属于哪些类型是非常重要的，如不能把凤凰木、木棉等热带、亚热带树种引到温带的华北地区栽培。在生产实践中，各地还依据树木的耐寒性将树木分为耐寒树种、半耐寒树种、不耐寒树种等。不同地域的划分标准是不一样的。

2. 依据水分因子分类

树木对水分的要求是不一样的，据此可分为湿生、中生和旱生树种。

3. 依据光照因子分类

树木依据对光照的喜爱程度可分为阳性树种（喜光树种）、阴性树种（耐阴树种）、中性树种。

4. 依据空气因子分类

树木依据对空气的作用可分成多类，如抗风树种，抗污染类树种（抗氯化物树种、抗氢化物树种），防尘类树种（一般叶面粗糙、多毛，分泌油脂，总叶面积大，如松属植物、构树、柳杉等），卫生保健类树种（能分泌杀菌素，净化空气，有一些分泌物对人体具有保健作用，如松柏类；有些还能分泌芳香物质，如樟树、厚皮香等）。

5. 依据土壤因子分类

树木依据对土壤酸碱度的适应程度，可分为喜酸性土树种、耐碱性土树种；依据对土壤肥力的适应程度，可分为瘠土树种、水土保持类树种等。

5.1.3 依据植物的观赏特性分类

观形树木指形体及姿态有较高观赏价值的树木，如雪松、龙柏、榕树、假槟榔、龙爪槐等。

观花树木指花色、花香、花形等有较高观赏价值的树木，如梅花、蜡梅、月季、牡丹、白玉兰等。

观叶树木指叶的色彩、形态、大小等有独特之处的树木，可供观赏，如银杏、鸡爪槭、黄栌、七叶树、椰子等。

观果树木的果实具有较高观赏价值，或果形奇特，或果色艳丽，或果实巨大，如柚子、秤锤树、复羽叶栾等。

观枝干树木的枝干具有独特的风姿，或具有奇特的色彩，或具有奇异的附属物，如白皮松、梧桐、青榨槭、白桦、栓翅卫矛、红瑞木等。

观根树木裸露的根具有观赏价值，如榕树等。

5.1.4 依据植物在园林中的用途分类

植物依据在园林中的主要用途可分为独赏树、庭荫树、行道树、防护林类、花灌木类、藤本类、植篱类、地被类、盆栽（造型）类、室内装饰类等。

1. 独赏树

独赏树指可独立成景供观赏用的树木，主要展现的是树木的个体美，一般要求树体雄伟高大、树形美观，或具独特的风姿，或具特殊的观赏价值，且寿命较长，如雪松、南洋杉、银杏、樱花、凤凰木、白玉兰等均是很好的独赏树。

2. 庭荫树

庭荫树指能形成大片绿荫供人纳凉的树木。由于这类树木常用于庭院中，故称庭荫树。庭荫树一般树木高大，树冠宽阔，枝叶茂盛，无污染物，如梧桐、国槐、玉兰、樱花、枫杨、大山樱等常用作庭荫树，如图5-3所示。

【大山樱】

图5-3　大山樱

3. 行道树

行道树指栽植在道路如公路、园路、街道等的两侧，以遮荫、美化为目的的乔木树种。由于城市街道环境条件复杂，有土壤板结，肥力差，地下管道、空中电线电缆复杂等问题，所以对行道树的要求也较高。一般来说，行道树应树形高大，冠幅大，枝叶茂密，分支点高，发芽早，落叶迟，生长迅速，寿命长，耐修剪，根系发达，不易倒伏，抗逆性强，病虫害少，无不良污染物，抗风，大苗栽植容易成活。在园林实践中，完全符合要求的行道树的种类并不多。我国常见的行道树有国槐、白蜡、椴树、悬铃木、樟树、榕树、女贞、鹅掌楸等。

4. 防护林类

防护林类树木主要指能从空气中吸收有毒气体、阻滞尘埃、防风固沙、保持水土的树木。这类树木在应用时多植成片林，以充分发挥其生态效益。

5. 花灌木类

花灌木类树木是指具有观花、观果、观叶等观赏价值的灌木类树木的总称，这类树木在园林中应用最广。观花灌木如榆叶梅、蜡梅、绣线菊等，观果类灌木如火棘、凌霄、金银花等。

6. 藤本类

藤本类树木专指那类茎枝细长难以直立，借助吸盘、卷须、钩刺、茎蔓或吸附根等器官，攀缘于他物生长的树木。藤本类树木依其生长习性可分为以下四类。

(1) 缠绕类。以茎本身旋转缠绕其他支持物生长，如紫藤、五味子。

(2) 卷须及叶攀类。借助接触感应器官使茎蔓上升，如葡萄；借助叶柄旋卷攀附他物，如铁线莲。

(3) 钩攀类。借助茎蔓上的钩刺使自体上升，如悬钩子。

（4）吸附类。借助吸盘向上或向下生长，如爬山虎、五叶地锦、常春藤。藤本类树木是垂直绿化的材料，除供赏花、果、叶之用外，还是对棚架、凉廊、栅栏、墙壁、拱门、灯柱、岩石、假山、坡面、篱垣等进行绿化的材料。吸附类树木在美化上的一个特点是形体可随攀缘物变化，现在这类植物在园林绿化中的应用越来越广泛。

7. 植篱类

植篱类树木在园林中主要用于分隔空间、遮蔽视线、衬托景物，一般要求树木枝叶密集、生长慢、耐修剪、耐密植、养护简单。其按特点又分为花篱、果篱、刺篱、彩叶篱等，按高度可分为高篱、中篱、矮篱等。常见的有大叶黄杨、朝鲜黄杨、雀舌黄杨、侧柏、水蜡树、紫叶小檗等。

8. 地被类

地被类树木指那些低矮、铺展力强、常覆盖于地面的树木，多以覆盖裸露地表、防止尘土飞扬、防止水土流失、减少地表辐射、增加空气湿度、美化环境为主要目的。那些矮小、分枝性强、偃伏性强的树木，半蔓性灌木，藤本类树木均可作为园林地被。

9. 盆栽（造型）类

盆栽（造型）类树木主要指用于观赏及制作树桩盆景的树木。树桩盆景类树木要求生长缓慢、枝叶细小、耐修剪、易造型、耐干旱瘠薄、易成活、寿命长。

10. 室内装饰类

室内装饰类树木主要指那些耐阴性强、观赏价值高、常以盆栽形式放于室内观赏的树木，如散尾葵、朱蕉、鹅掌柴等。木本切花类树木主要用于室内装饰，故也归于此类，如蜡梅、银芽柳等。

5.2 园林植物的观赏特性

植物的观赏特性从美学的角度讲,大致包括色彩美、形态美、香味美、声音美和意境美5个方面。

5.2.1 植物的色彩之美

树木在一年中有其自身的生长规律,即萌芽、展叶、孕蕾、开花、结果,其生长过程为我们提供了欣赏植物季节美的机会。季节像魔法棒一样让落叶植物悄悄地变装,展现出季相变化。

植物的色彩可以通过植物的各个部分呈现出来,如叶片、花朵、果实、枝条及树皮等。叶片内含有叶绿素、叶黄素、类胡萝卜素、花青素等色素,因受外界条件的影响和树种遗传特性的制约,相对含量处于动态平衡之中,因此叶色变化丰富、五彩缤纷。同时,叶色在很大程度上还受树木叶片对光线的吸收与反射差异的影响。许多常绿树木的叶片在阳光下呈现特有的绿色效果,而一些冬青属植物则呈现银色或金属色。在叶的观赏特性中,叶色的观赏价值最高,因其呈现的时间长,能起到突出树形的作用。叶色与花色、果色相比,群体观赏效果显著,被认为是园林色彩的主要创造者。

1. 植物的叶色美
(1) 基本叶色。树木的基本叶色为绿色,由于受树种及受光度的影响,叶的绿色分为墨绿、深绿、浅绿、黄绿、亮绿、蓝绿等,即使是同一树种其颜色,也会随季节的变化而变化,如垂柳初发时叶为黄绿色,后逐渐变为淡绿,夏秋季为浓绿。各类树木叶的绿色由深至浅的顺序大致为常绿针叶树、常绿阔叶树、落叶树。由于常绿针叶树叶片吸收的光大于反射的光,因此叶色多呈暗绿色,显得朴实、端庄、厚重。常绿阔叶树叶片反光能力较常绿针叶树强,叶色以浅绿色为主。落叶树种叶片较薄,透光性强,叶绿素含量较少,叶色多呈黄绿色,不少种类在落叶前还变为黄褐色、黄色或金黄色,表现出明快、活泼的视觉特征,如图5-4所示。

图5-4 不同树种呈现不同明度的绿色

①深浓绿色叶的树种包括油松、红松、雪松、云杉、侧柏、山茶、女贞、桂花、榕树、槐、毛白杨、榆树。

②浅淡绿色叶的树种包括水杉、落羽杉、落叶松、金钱松、七叶树、鹅掌楸、玉兰、芭蕉、旱柳、糖槭。

(2) 特殊叶色。树木除绿色外,还会呈现其他叶色,这种现象丰富了园林景观,给观赏者以新奇感。根据变化情况，特殊叶色可分为以下几种类型。

①常色叶类。常色叶类有单色与复色两种。前者叶片表现为某种单一的色彩，以红紫色（如红枫、红叶李、紫叶桃、紫叶小檗、金叶女贞、金山绣线菊、金焰绣线菊等）和黄色（如金叶鸡爪槭、金叶雪松等）两类色为主，后者是同一叶片上有两种以上不同的色彩。有些种类叶片的背腹面颜色明显不同（如胡颓子、红背桂、栓皮栎、银桦、银白杨等），也有些种类在绿色叶片上有其他颜色的斑点或条纹（如金心大叶黄杨、银边黄杨、变叶木、洒金东瀛珊瑚等）。常色叶类树木所表现的特殊叶色受树种遗传特性支配，不会因环境条件的影响或时间推移而改变。

②季节叶色类。这类树木的叶片在绿色的基础上，随着季节的变化而出现有显著差异的特殊颜色。季节叶色多出现在春、秋两季。春季新叶叶色发生显著变化者，称为春色叶树种，如黄连木、臭椿、香椿等。但在南方温暖地区，一些常绿阔叶树的新叶叶色不限在春季发生变化，任何季节的新叶均有颜色的变化，这种也归于春色叶类。在秋季落叶前叶色发生显著变化者，称为秋色叶树种，如银杏、金钱松、悬铃木、黄栌、火炬树、枫香树、乌桕等。秋色叶树种以落叶阔叶树居多，颜色以黄褐色较普遍，其次为红色与金黄色，它们对展现季相变化起着重要作用。

秋叶呈红色或紫红色的树种有鸡爪槭、五角槭、糖槭、枫香树、五叶地锦、紫叶小檗、盐肤木、黄连木、黄栌、花楸、乌桕、石楠、卫矛、山楂等。

秋叶呈黄色或黄褐色的树种有银杏、白桦、紫椴、无患子、鹅掌楸、悬铃木、金钱松、落叶松、白蜡等。树木的季节叶色除红、黄色外，还存在许多过渡色。季节叶色开始的时间及持续期既因树种而异，也与气候条件尤其是温度、光照和湿度变化有关。

2. 植物的花色美

花色是植物观赏特性中最重要的一方面，给人的美感最直接、最强烈。设计师要掌握植物的花色，明确植物的花期，同时以色彩理论为基础，根据花色和花期合理搭配植物。花色是主要的观赏要素，在众多的花色中，白、黄、红为三大主色，具有这三种颜色的植物种类最多。此外，还有蓝（紫）色系花。

(1) 白色系花。如茉莉、白丁香、白牡丹、白茶花、溲疏、山梅花、女贞、玉兰、白兰花、栀子、梨、白鹃梅、白玫瑰、白杜鹃、刺槐、绣线菊等。

(2) 黄色系花（黄、浅黄、金黄）。如迎春花、连翘、云南黄馨、金钟花、黄刺玫、黄蔷薇、棣棠、黄牡丹、黄杜鹃、金丝桃、蜡梅、金老梅、金雀花、黄花夹竹桃、小檗、金花茶、栾树、鹅掌楸等。

(3) 红色系花（红色、粉色、水粉）。如海棠花、桃、杏、梅、樱花、蔷薇、玫瑰、月月红、贴梗海棠、石榴、红牡丹、山茶、杜鹃、锦带花、夹竹桃、合欢、柳叶绣线菊、紫薇、榆叶梅、木棉、凤凰木等。

(4) 蓝（紫）色系花。如紫藤、紫丁香、木兰、杜鹃、木槿、紫荆、泡桐、八仙花等。

自然界中某些植物的花色并不是一成不变的，有些植物的花色会随时间的变化而变化。比如金银花大多是一蒂双花，刚开花时花色为象牙白色，两三天后变为金黄色，这样新旧相参，黄白互映，所以得名金银花，如图 5-5 所示。

图 5-5　金银花
花冠白色，有时基部向阳面呈微红，授粉后变成黄色。

另外，有些植物的花色会随环境的变化而变化，比如八仙花的花色是随着土壤的 pH 值的变化而变化的，生长在酸性土壤中的植物的花色为粉红色，生长在碱性土壤中的植物的花色为蓝色。所以，鲜花不但可以用于观赏，而且可以指示土壤的 pH 值。

3. 植物的果色美

很多植物的果实色彩鲜艳，甚至经冬不落，在万物凋零的冬季也是一道难得的风景，如图 5-6 所示。

图 5-6　金银忍冬
果实呈红色，经冬不落，与瑞雪交相辉映，鲜艳夺目。

（1）果实呈红色。如小檗类、水枸子、山楂、花楸、南天竹、紫金牛、红橘、石榴、佛头奇花、接骨木、越橘等。

（2）果实呈黄色。如银杏、杏、梅、柚子、甜橙、金橘、木瓜、梨、南蛇藤等。

（3）果实呈紫色。如紫珠、葡萄、十大功劳、李等。

（4）果实呈黑色。如小叶女贞、刺五加、刺楸、鼠李、黄菠萝等。

（5）果实呈白色。如红瑞木、乌桕（果实外带有白色的蜡质）、陕甘花楸等。

4. 植物的枝色美

深冬季节，秋叶落尽，植物枝干的颜色更为醒目，那些树干或枝条具有美丽色彩的园林树木特称为观枝树种。如图 5-7 所示的红瑞木的枝条，其颜色在冬季尤为明显。如京桃的小枝光滑呈红色；白桦干树皮呈白色，呈纸状剥落，群植效果极好，如图 5-8 所示；白皮松的干树皮呈白色或褐白相间，呈不规则脱落。

图 5-7　红瑞木
红瑞木属落叶灌木。老干暗红色，枝丫血红色。聚伞花序顶生，花乳白色。花期 6—7 月；果期 8—10 月。

颜色的配置对风景与层次的和谐很重要，距离和空间可被色彩控制。如图 5-9 所示，鲜

图 5-8 白桦

白桦属落叶乔木。树皮白色，纸状分层剥离，小枝红褐色；叶三角状卵形，缘有不规则重锯齿，柔荑花序，单性，雌雄同株。果序单生，下垂，呈圆柱形。坚果小而扁，两侧具宽翅。花期5—6月；8—10月果熟。

艳的色彩可使视觉距离变短，空间变小，暖色能穿透距离迅速作用于人的眼睛，使人有一种物体变近的感觉。冷色可使视觉距离变远，空间变大，比如蓝色若是逐渐变浅，会使人觉得物体越来越远。绿色是在植物景观中具有突出地位的颜色，并有极大的范围。蓝绿、深绿、黄绿、橄榄绿和祖母绿构成了框架，作为边缘、分界线、背景和中心装饰。

5.2.2 植物的形态之美

1. 植物树形的形态美

树形一般指树冠的类型，由干、茎、枝、叶组成，对树形的形成起着决定性作用。不同树种具有不同的树冠类型，这是树种的遗传特性和生长环境条件影响的结果。同一树种在不同的发育阶段，树形也会发生变化。树形一般指在正常的生长环境下，成年树木整体形态的外部轮廓。乔木的形状有圆锥形、尖塔形、圆柱形、垂枝形等，灌木有球形、不规则形等，如图5-10所示。龙爪枣属于曲枝形，如图5-11所示。地被植物及草本植物有叶席形、开展形、地毯形等。植物从个体栽植到植物群植，由于生长的立地条件不同，形状上也会有很大区别。设计师若想达到群集形状效果及线条和谐的目的，应尽量选择形态上相似的植物。

(1) 圆柱形。如杜松、钻天杨、北美圆柏等。
(2) 圆锥形。如雪松、水杉、云杉、冷杉等。
(3) 卵圆形。如毛白杨、悬铃木、香椿等。
(4) 倒卵形。如刺槐、千头柏、旱柳等。
(5) 圆球型。如馒头柳、千头椿等。
(6) 垂枝形。如垂柳、垂枝桃、垂枝榆等。
(7) 曲枝形。如龙桑、龙爪槐、龙爪枣等。
(8) 拱枝形。如迎春、连翘、锦带花等。
(9) 匍匐形。如铺地柏、平枝枸子等。

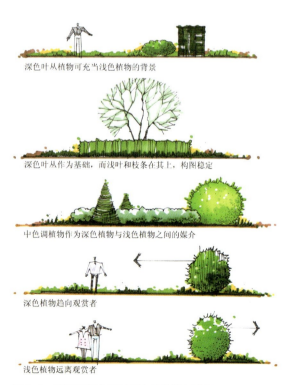

图 5-9 利用不同色调的绿色植物进行造景

图 5-10 常见的植物形状

图 5-11　枝条虬曲的龙爪枣

图 5-12　小型叶

（10）棕榈形。如棕榈、蒲葵、椰子等。

2. 叶的形态美

按照叶的大小和形态，可以将叶形划分为以下三类。

（1）小型叶类。叶片狭窄，叶形细小或细长，叶片长度大大超过宽度。包括常见的鳞形、针形、凿形、钻形、条形及披针形等，如图 5-12 所示。小型叶类具有细碎、紧实、坚硬、强劲等视觉特征。

（2）中型叶类。叶片宽阔，大小介于小型叶与大型叶之间，形状多样，有圆形、卵形、椭圆形、心脏形、菱形、肾形、三角形、扇形、掌状形、马褂形、匙形等，多数阔叶树属此类型，如图 5-13 所示。中型叶类给人以圆润、素朴的感觉。

图 5-13　中型叶

裂叶榆的叶片，呈倒卵形，长 7～18cm，宽 4～14cm，先端具或长或短的尾状尖头，基部明显偏斜，呈楔形。边缘重锯齿，叶背披柔毛。

(3) 大型叶类。叶片巨大，但数量不多。大型叶树的种类不多，其中具大中型羽状或掌状开裂叶片的树木较多，如泡桐、苏铁及棕榈科的许多树种等，它们原产于热带湿润气候地区，有秀丽、清疏的观赏特征。有些树种叶片分裂的形状很美，具很高的观赏价值，如鹅掌楸、琴叶榕、八角金盘、七叶树等，如图 5-14、图 5-15 所示。

图 5-16　国槐的果实荚果，呈念珠状

图 5-14　大型叶 短穗鱼尾葵叶片

图 5-15　七叶树的掌状叶片与其圆锥花序

图 5-17　梓树线形硕果下垂，形似豇豆

3. 果实的形态美

果实形状的观赏价值体现在"奇""巨""丰"3 个方面。"奇"指形状奇异，如铜钱树、国槐、梓树等，如图 5-16、图 5-17 所示；"巨"指单体果形较大，如柚、木菠萝、椰子、木瓜等；"丰"就全树而言，无论单果还是果序均应数量丰盛，果虽小，但数量多或果序大，以量取胜，也可达到引人注目的效果，如花楸、接骨木、佛头花等。还有些树木的种子富有诗意，如王维"红豆生南国，春来发几枝。愿君多采撷，此物最相思。"的描写，赋予果实深刻的内涵，使之产生意境美。

5.2.3 植物的香味之美

气味对人的心理能产生一定的影响，芬芳的气味，使人舒适愉快；秽臭的气味，则让人沮丧、烦闷。许多园林植物芳香宜人，能使人产生愉悦的感受，如桂花、蜡梅、丁香、兰花、玫瑰、结香、金银花、茉莉、含笑、黄兰、白兰、栀子、七里香、鸡蛋花、荷花、水仙、薰衣草、百里香等。

美国哈佛大学一位心理学家经过多年研究发现，不同的花香气味能使人产生不同的情绪，水仙和荷花的香味，使人情绪稳定；紫罗兰和玫瑰的香味，给人一种舒爽、愉快的感觉；柠檬的香味，令人兴奋；丁香的香味，可以使人沉静、轻松，唤起人们美好的回忆。在园林景观设计中，可以利用各种香味的植物进行布置，营造充满芳香的景观，也可单独将其布置成专类园，如木樨园、玫瑰园、丁香园、月季园等。也可将其布置到人们经常活动的场所，如在盛夏夜晚纳凉场所种植茉莉、晚香玉、铃兰、月见草。

5.2.4 植物的声音之美

不同的花木种群在风、雨、雪的作用下，能发出不同的声响；不同形态的叶片相撞相摩，也会发出不同的声响。这类声响，有的萧瑟优美，有的汹涌澎湃，具有不同的韵味。烦躁不安、心神不宁的人若在竹林内静坐，会感到平静、凉爽。

要使花木产生音乐声响，应该有意识地选择那些叶片经大自然的风、雨、雪作用下，互相撞击后能发出优美声响的树种，而且要有较多的种植数量，这样才能产生较佳的声响效果。例如，古人在造园时，会有意识地在亭、阁等建筑旁栽种荷花、芭蕉等花木，以此来收集雨滴淅沥的声响。

5.2.5 植物的意境之美

中国历史悠久，文化灿烂。很多古代诗词及民俗都赋予了植物人格。从欣赏植物景观形态美到欣赏其意境美是欣赏水平的升华。许多植物不仅涵义丰富，而且达到了天人合一的境界。如中国十大传统名花——梅花、牡丹、菊花、兰花、月季、杜鹃、山茶、荷花、桂花、水仙；花中四君子——梅、兰、竹、菊；花中四雅——菊、兰、水仙、菖蒲。

梅，象征自尊自爱、高洁清雅的情操，陆游曾赋诗"零落成泥碾作尘，只有香如故"。北宋诗人林逋的诗中提到的"疏影横斜水清浅，暗香浮动月黄昏"，是梅最雅致、端庄的配置方式之一。

兰，绿叶幽茂，柔条独秀，无矫柔之态，无媚俗之意。兰香最纯正，馥郁袭衣。在梅、兰、竹、菊四君子中，兰被认为最雅。

竹，是中国文人最喜爱的植物，被视作有气节的君子。苏轼有"宁可食无肉，不可居无竹"的名句，可见竹在庭园植物配置中的地位。

菊花耐寒霜，晚秋独吐幽芳，具有不畏恶劣环境的君子品格。陆游赋诗"菊花如端人，独立凌冰霜"；陶渊明赋诗"芳菊开林耀，青松冠岩列。怀此贞秀姿，卓为霜下杰"；陈毅赋诗"秋菊能傲霜，风霜重重恶。本性能耐寒，风霜其奈何"。

荷花，被周敦颐称赞"出淤泥而不染，濯清涟而不妖"，是脱离庸俗而又富有理想的君子的象征。

5.3 园林植物的配置原则

5.3.1 植物的选择原则

1. 以乡土植物为主，适当引种外来植物

乡土植物指原产于本地区或通过长期引种、栽培和繁殖已经非常适应本地区的气候和生态环境而生长良好的一类植物。与其他植物相比，乡土植物具有很多优点，如实用性强、适应性强、代表性强、文化性强等。此外，乡土植物具有繁殖容易、应用范围广、安全、廉价、养护成本低等特点，具有较高的实际应用价值和推广意义，因此在设计中，乡土植物的使用比例应该不小于70%。

在植物品种的选择中，以乡土植物为主，可以适当引入外来的或者新的植物品种，丰富当地的植物景观。应该注意的是，在引种过程中，不能盲目跟风，应该以不违背自然规律为前提。另外，应该慎重引种，避免将一些入侵植物引入当地，危害当地植物的生存。党的二十大报告中也提出"加强生物安全管理，防治外来物种侵害"。

2. 以基地条件为依据，选择适合的园林植物

北魏贾思勰在《齐民要术》中阐述："地势有良薄……山泽有异宜……顺天时，量地利，则用力少而成功多。"这说明植物的选择应以基地条件为依据，即遵循"适地适树"原则。要做到这一点必须从两方面入手，其一是对当地的立地条件进行深入细致的调查分析，包括当地的温度、湿度、水文、地质、植被、土壤等条件；其二是对植物的生物学、生态学特性进行深入的调查研究，确定植物正常生长所需的环境因子。一般来讲，乡土植物比较容易适应当地的立地条件，引种植物则不然。所以，在大面积应用引种植物之前一定要做引种试验，确保万无一失才可以加以推广。

另外，基地的条件还包括一些非自然条件，如人工设施、使用人群、绿地性质等。在选择植物的时候应结合具体的要求，例如行道树应选择分枝点高、易成活、生长快、适应城市环境、耐修剪、耐烟尘的树种，还应该满足行人遮阴的需要。坡向影响日照的时间和强度，北坡日照时间短，温度低，湿度较大，多生长耐阴湿的树种；南坡日照时间长，温度高，湿度较小，多生长阳性旱生的树种。

除此之外，植物配置应考虑景观的功能，起到强化和衬托作用，明确以果实和花卉生产为目的，还是以娱乐或创造理想的人居环境为目的。例如烈士陵园，要突出其庄严肃穆的气氛，应多运用松、柏等常绿、外形整齐的树种，以喻流芳百世、万古长青。儿童乐园，可选用姿态优美、花繁叶茂、无毒无刺的花灌木，采用自然式配置方式，营造生动活泼的气氛。

3. 以落叶乔木为主，合理搭配常绿植物和灌木

在我国，大部分地区都有酷热而漫长的夏季，冬季虽然比较寒冷，但阳光较充足，因此我国的园林绿化树种应该在夏季能够遮阴降温，在冬季能够透光增温。落叶乔木是我国园林种植的首选树种。由于落叶乔木还有寿命长、生态效益高等优点，因此在城市绿地规划中，落叶乔木往往占有较大的比例。

当然，为了创造多彩的园林景观，除了落叶乔木之外，还应适量地选择一些常绿乔木和灌木，尤其对于寒地的冬季景观，常绿植物的作用更为重要。但是常绿乔木所占比例应控制在20%以下，否则不利于景观绿化功能和效益的发挥。

4．以速生树种为主，结合使用慢生、长寿树种

速生树种短期内就可以成形、见绿，甚至开花、结果，对于追求高效的现代园林景观布置来说无疑是不错的选择，但是速生树种也存在着一些不足，比如寿命短、衰减快等。而与之相反，慢生树种寿命较长，但生长缓慢，短期内不能形成绿化效果。两者正好形成"优势互补"，所以在不同的景观设计中，因地制宜地选择不同类型的树种是非常必要的。

5．合理的群落结构，和谐的种间关系

确定树种之后，还要对其进行合理配置。在平面上要有合理的种植密度，使植物有足够的营养空间和生长空间，从而形成较为稳定的群体结构。种内与种间的关系将影响植物今后的生长状况，即会影响群丛的稳定性。例如，选用松柏与杨柳，将形成"松柏尚侏儒，杨柳已成阴"的局面，届时松柏在杨柳的遮蔽之下，受光不足，就难以正常生长了，会失去景观价值。

自然群落内各种植物的种间关系是极其复杂的，有竞争也有互助，包括寄生关系（菟丝子不能制造营养，靠消耗寄主体内的组织而存活）、附生关系（常以他种植物为栖居地，但并不以其组织为食料，最多从它们死亡的部分取得养分，如苔藓、地衣）、共生关系、生理关系（群落中同种或不同种的根系常有连生现象）、生物化学关系、机械关系。要保持群落系统中各种群之间及与周围环境之间关系的协调，实现动态平衡与共生，需正确利用不同种群之间互惠互利、合作共存的关系，对物种作出相应的选择和组合配置。在进行植物配置时，可以利用共生关系来配置植物，促进其生长。但有些植物之间相互抑制、相互抵抗，如榆与栎、白桦与松、松与云杉，它们是不能配置在一起的。

6．乔、灌、草结合，突出生物的多样性

生态学研究表明，营养结构越复杂，生态系统就越稳定。如果要在设计中实现景观的多样性，应通过配置不同生物学特性的植物来实现，积极营造由多个植物种类组成的植物群落，这样能比单一种类的群落更有效地利用环境资源，使生态系统更具稳定性，如图5-18所示。因此，在进行植物配置时，设计师应尽量营造针阔混交的风景林，少造或不造纯林，模拟自然群落结构，保持物种的多样性和景观的稳定性。

图5-18　乔、灌、草结合的种植方式

5.3.2　符合美学的原则

在园林绿化中，设计师必须将景观作为一个有机的整体加以考虑，统筹安排。可以运用调和与对比、过渡与呼应、主景与配景、节奏与韵律等手法，使植物在形、色、质等方面产生统一而富于变化的效果。

1. 外形的调和与对比

采用外形相同或者相近的植物可以调和植物群落的外观，比如球形、扁球形的植物最容易调和，易形成统一的效果，如图 5-19 所示。不同形态的植物可以通过大小、形态的重复形成对比效果，突出主景植物，如图 5-20 所示。而植物外形差异太大会导致景观不协调，如图 5-21 所示。

图 5-21　植物外形差异太大导致景观不协调

外形上的重复会创造节奏感，像用线穿起织物一样，相似形状与线条的结合贯穿园林设计，这样就把整个设计整合起来。

2. 质感的调和与对比

植物的质感会随着观赏距离的增加而变得模糊，所以质感的调和与对比往往针对的是局部的景观，如图 5-22 所示。质感细腻的植物由于其清晰的轮廓、密实的枝叶、规整的形状，常被用作绿化的主景。在设计实践中，大多数绿地都以草坪为基底，配置时可以选择一些质感细腻的植物，比如珍珠绣线菊、朝鲜黄杨等与草坪形成和谐的效果，并在此基础上根据实际情况选择质感粗糙的植物加以点缀，形成对比。

3. 色彩的调和与对比

同一色系的颜色比较容易调和，并且色环上两种颜色的夹角越小越容易调和，如黄色和橙黄色、红色和橙红色等。两种颜色在色环

图 5-19　外形相近的植物更容易形成统一感

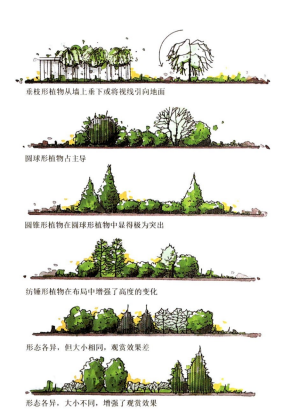

图 5-20　不同形态的植物重复或主导所形成的效果

图 5-22 质感的对比

图 5-24 以白色为基调色，利用红色、粉色、紫色构成图案，所选的植株花期、高度应一致。

上的夹角越大，其对比越强，色环上夹角为180°的两种颜色为互补色，它们的对比是最强烈的，如图5-23所示，红色和绿色、黄色和紫色等颜色形成了对比。设计师应首先确定一个基本色调，选择一种或几种相同颜色的植物，进行大面积的栽植，构成绿化的基调或背景，也就是常说的基调植物。基调植物多选用绿色植物，因为绿色令人放松舒适，在植物色彩中最常见。然后在总体调和的基础上，适当点缀其他颜色，以构成色彩上的对比，如图5-24所示。也可以在大面积的草坪上进行模纹设计，搭配花卉或紫叶小檗、金叶女贞等色叶植物构成图案。

图 5-23 利用颜色的对比形成郁金香花海

4. 过渡与呼应

如果景物的色彩、外观、大小等方面相差太大，对比过于强烈，会使人产生排斥感和离散感，景观的完整性就会被破坏，利用过渡和呼应的方法，可以加强景观内部的联系，消除或者减弱景物之间的对立，达到统一的效果。配置植物时，如果两种植物的颜色对比过于强烈，可以通过使用调和色或者白色、灰色等形成过渡。

5. 主景与配景

在进行植物配置时，首先确定一两种植物作为基调植物，使之广泛分布于整个绿化中，同时根据各分区的情况选择其主要树种，以形成各分区的主体景观。在处理具体的植物景观时，应选择造型特殊、颜色醒目、外形高大的植物作为主景，比如油松、灯台树、枫杨、稠李、合欢、凤凰木等，并将其栽植在视觉焦点或者高地上，通过与背景的对比，突出主景地位。

6. 节奏与韵律

节奏是规律性的重复，韵律是规律性的变化。植物的形状、色彩有规律的重复就产生了节奏感，如果按照规律变化就会形成韵律感。比如将一种植物按照相同间距栽植就会形成节奏感，如果再加入花灌木，按照相同间隔栽植就会产生韵律感。

5.4 广场植物的种植

5.4.1 广场植物的种植方式

广场植物的种植方式，大致可以分为自然式种植、规则式栽植和混合式栽植三大类。

1. 自然式种植

自然式种植多采用人工模拟自然群落进行设计，体现植物的自然姿态，如孤植、丛植、群植等。

(1) 孤植。

孤植树主要表现植物的个体美，既可以单纯作为构图艺术上的孤植树，又可以作为园林中庇荫和构图艺术相结合的孤植树。孤植树体形要大，树冠轮廓要富于变化，树姿要优美，开花要繁茂，香味要浓郁，叶色要具有丰富的季相变化，如榕树、珊瑚朴、白皮松、银杏、红枫、雪松、广玉兰等都可以成为孤植树。在园林中，孤植树常布置在大草坪或林中空地的构图重心上，与周围的景观要均衡协调并相互呼应，四周要空旷。设计孤植树时要留出一定的视距供游人欣赏，最适合的距离为树木高度的4倍。

虽然称孤植树，但并不意味着只能栽一棵树，有时为了构图需要，也将两株或三株同一树种的树木紧密地种在一起，使之形成一个单元，效果如同一株丛生树，如图5-25所示。

(2) 丛植。

树丛通常由2~10株乔木组成，如果加入灌木，总数最多可以到15株。树丛的组合主要考虑群体美，也要考虑在统一构图中表现单

图5-25 将多株植物种植在一个树池中

株的个体美，所以选择单株植物的条件与孤植树相似，如图5-26所示。

树丛在功能和布置要求上与孤植树基本一致，但其景观效果比孤植树更突出，如图5-27所示。对于纯观赏性或视线引导性树丛，可以用两种以上的乔木搭配栽植，或乔、灌木混合配置，也可同山石、花卉相结合种植。庇荫用的树丛，宜采用树种相同、树冠舒展的高大乔木，一般不与灌木配合。树丛下面可以设置自然山石，或安装座椅供游人休息。园路一般不能穿越树丛，否则会破坏景观的整体性。树丛标高应高出四周的草坪或道路，呈缓坡状栽植，这既利于排水，又能使其在构图上突出。

图 5-26　多株同种植物的丛植

① 两株配合：在构图上遵循矛盾统一的原理，两株植物必须既有调和又有对比，成为对立的统一体。两株配合，首先必须有通相，即采用同一树种（或外形十分相似者），才能使两者统一起来；但又必须有殊相，即在姿态和大小上应有差异，才能形成对比。正如明朝画家龚贤所说："二株一丛，必一俯一仰，一欹一直，一向左一向右……"两株间的距离应该小于两树冠半径之和，大则容易导致分离现象，即不成树丛了。

图 5-27　丛植的景观效果

② 三株配合：三株配合最好采用姿态、大小有差异的同一树种，栽植时忌三株在同一直线上或呈等边三角形。三株之间的距离不应相等，其中最大的和最小的应靠近一些成为一组，中等的应远离一些成为一组，两组之间应有所呼应，使构图无割裂感。如果采用两个不同树种，最好同为常绿，或同为落叶，或同为乔木，或同为灌木，其中大的和中等的应同为一种，小的应为另一种，这样就可以使两个小组既有变化又有统一，如图 5-28 所示。

三株忌同线

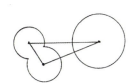

忌最大的一组，另两株为一组

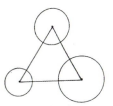

忌呈等边三角形

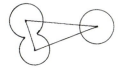

忌三株大小相同

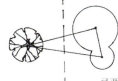

忌两个同种树为一组

三株大小、姿态、高低各不同，最大的与最小的一组，中等大小的另一组

两个树种，A中等大小的单独一组，大A与小B组成另一组

图 5-28　三株植物配植的形式

③ 四株配合：四株配合仍然应采取姿态、大小不同的同一树种，并将其分为两组，按 3∶1 组合，最大株和最小株都不能单独成为一组，其基本平面形式应为不等边四边形或不等边三角形，如图 5-29、图 5-30 所示。

④ 五株配合：可以是一个树种或两个树种，按 3∶2 或 4∶1 分为两组。若为两个树种，应其中一种为三株而另一种为两株，分在两个组内，三株一组的组合原则与三株树丛相同，两株一组的组合原则与两株树丛相同。但是两组之间距离不能太远，彼此之间也要有所呼应并保持均衡，如图 5-31 所示。

⑤ 六株及以上的配合：六株及以上的组合实际上是二株、三株、四株、五株基本形式的相互组合而已，故《芥子园画传》中有"不画四株竟作五株者，以五株既熟，则千株万株可以类推，交搭巧妙在此转关"之说。六株及以上的植物配植时仍在调和中要求有对比和差异，差异太大时又要求调和，如图 5-32 所示。

(3) 群植。

树群可分为单纯树群和混交树群两类。多数（20～30 株）乔木或灌木混合栽植的称树群。树群主要表现群体美，因此对单株要求并不严格。但是组成树群的每株树木，在群体外貌上都起一定作用，要能被观赏者看到，所以树群规模不可过大，树种不宜过多，过多容易引起杂乱，如图 5-33 所示。

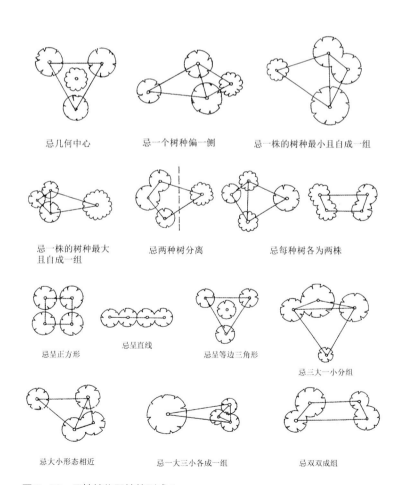

图 5-29　四株植物配植的形式 1　　　　　　　　　图 5-30　四株植物配植的形式 2

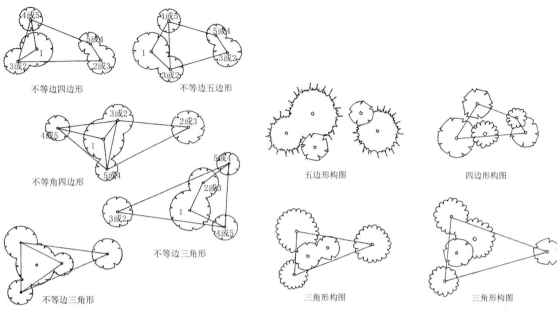

图 5-31　五株植物配植的形式

植物虽然有轻微重叠，但整体感不强

不同的植物群相互重叠、渗透，可增大植物组间的交接面，增强布局的整体性

植物呈散点布置，显得过于分散、杂乱无序

单体植物相互重叠，统一感强，形成群体

两组植物在视觉上无联系，使布局分离

地被将两组植物统一成整体

图 5-32　植物种植设计中经常出现的问题，右侧的设计优于左侧

图 5-33　树群

树群在园林功能和布置要求上与树丛和孤植树类似，不同之处是树群属于多层结构，水平郁闭度大，林内潮湿，不便解决游人入内休息的问题。在靠近园路的一侧，可种植具有开展树冠的大乔木，供游人休息。

（4）树林。

森林是大量树木的总称。森林不仅包含树木的数量多，占地面积大，而且具有一定的密度和群落外貌，对周围环境有着明显的影响。为了保护环境、美化城市，除需要在市区内进行充分绿化外，还需要在城市郊区开辟森林公园、疗养区，还需要栽植具有森林景观的大面积绿地，常称树林，如图5-34所示。但是这与一般的森林概念不同，因为这些林地从数量到规模，都不能与森林相比，而且还要考虑艺术布局来满足游人的需要，所以应称其为风景林。风景林可粗略地概括为密林和疏林两种。疏林一般郁闭度为0.4~0.6，常与草地相结合，又称疏林草地，如图5-35所示。密林一般郁闭度为0.7~0.8，林下多为耐阴植物。

2. 规则式栽植

规则式栽植即成行成列、对称的栽植形式，如行道树、树阵、花坛、植篱等。利用植物

图5-35　疏林草地

围绕边界进行等行等距或等行不等距的栽植，这种方式可以称为境栽（或边界种植），如图5-36所示。可以根据活动场地有无边界围合而进行有边界的种植（栽植）或无边界的种植（栽植）。有边界的栽植指的是有明显边界区分的场地的植物配置，如利用树木形成墓地的边界；无边界的栽植指的是没有明显边界区分的植物配置，如图5-37、图5-38所示。无论场地有无边界的划分，都可以利用植物进行区域划分，如广场的边界空间既可以采用规则式栽植，又可以采用自然式栽植。境栽除上述作用外，还可以组织空间、防止灰尘、吸收噪

图5-34　树林

图5-36　境栽
利用植物来围合边界，进行等行等距的栽植。

图 5-37 将植物向外延伸弱化边界
有明显围合的边界，如栅栏、墙体、路缘石、沟渠等，利用植物强化或者弱化边界。

图 5-38 植物形成的围合空间
在场地缺少边界时，利用植物进行区域划分。

3. 混合式栽植

混合式栽植有两种情况：一种是根据混合式规划要求，在总轴对称的两侧用规则式栽植，在远离主要对称轴之处用自然式栽植，或者在地形平坦处用规则式栽植，在地形复杂处用自然式栽植。规则式栽植方式就是根据一定形状或者规律进行植物配植，使植物景观富有质感，能与广场空间紧密结合，是广场绿化配植的重要形式，如行植、列植、树阵等，如图 5-39 所示。另一种情况是指周围用绿篱分隔成规则的几何形图案，内部则是自然式配置植物，如图 5-40 所示。

图 5-39 规则式栽植——修剪整形的法国梧桐

图 5-40 规则式——利用绿篱划分出规则空间

为了调解气氛、美化广场，可适当配置色彩优雅的花坛、造型优美的草坪、整形植物等。草坪的面积及轮廓形状，应考虑观赏角度和视距要求。广场需要较大面积的绿化，整体绿化面积应不少于总面积的 35%，最多不超过 65%。如果树下有种植池，其宽度应大于 1.5m。游人通行及活动范围内的树木，其枝下净空应大于 2.2m。为创造各种活动的空间环境，可利用植物景观分隔出多种不同的空间层次，如大与小、开敞与封闭的空间环境，从而制造错落有致、参差多变、层次丰富的空间组合，构成舒展开阔的空间布局，满足人们的需要。

5.4.2 绿化的相关指标

1. 与绿化相关的概念

季相。季相指植物在不同季节表现出的外观。

花相。园林树木的花相，就树木开花时有无叶簇的存在而言，可分为纯式（先开花后长叶）和衬式（先长叶后开花或者花叶同放）。

透景线。透景线指树木或其他物体中间保留的可透视远方景物的空间。水平望去，树冠与天空的交际线叫作林冠线，即树林或树丛空间立面构图的轮廓线。

林缘线。林缘线指树林或树丛边缘树冠投影的连线。它是植物空间划分的重要手段，空间的大小、景深层次的变化、透景线的开辟、气氛的形成等，大多依靠林缘线的处理。树林的林缘线观赏视距宜为林高的两倍以上。树林林缘与草地的交接地段，宜配置孤植树、树丛等。

绿地率。绿地率指一定城市用地范围内，城市园林绿地总面积占该城市用地总面积的百分比。它展示了全市绿地总面积的大小，是衡量城市规划的重要指标。

绿地率（%）=（城市园林绿地总面积/城市用地总面积）×100%

绿化覆盖率。绿化覆盖率指一定城市用地范围内，植物的垂直投影面积占城市绿化用地面积的百分比，是衡量一个城市绿化现状和生态环境效益的重要指标，它随着时间的推移、树冠的大小而变化。

绿化覆盖率（%）=（植物的垂直投影面积/城市绿化用地面积）×100%

2. 相关技术指标

(1) 郁闭度。

郁闭度指森林中乔木树冠在阳光直射下在地面的总投影面积（冠幅）与此林地（林分）总面积的比，它反映林分的密度。根据联合国粮食及农业组织规定，0.70（含 0.70）以上的郁闭林为密林，0.20～0.69 为中度郁闭，小于等于 0.1～0.20（不含 0.20）以下为疏林。在广场设计中，可以通过种植草坪提高郁闭度。广场绿化应确定合理的种植密度，为植物生长预留空间。一般观赏树丛、树群近期郁闭度应大于 0.50。

树林郁闭度见表 5-2。

(2) 植物与市政管线之间的安全距离。

植物与地下管线之间的安全距离应符合表 5-3、表 5-4 的规定。乔木与地下管线的距离指乔木树干基部的外缘与管线外缘的净距离。灌木或绿篱与地下管线的距离指地表处分蘖枝干中最外的枝干基部外缘与管线外缘的近距离。植物与地下管线最小垂直距离为新植乔木 1.5m、现状乔木 3.0m、灌木或绿篱 1.5m。

(3) 植物种植的土层厚度。

植物种植的土层厚度可以参考表 5-5、表 5-6。

表 5-2 树林郁闭度

类型	种植当年标准	成年期标准
密林	0.30～0.70	0.70～1.00
疏林	0.10～0.40	0.40～0.60
疏林草地	0.07～0.20	0.10～0.30

表 5-3 树木根径中心至构筑物和市政设施外缘的最小水平距离（m）

构筑物和市政设施名称	距乔木根径中心距离	距灌木根径中心距离
低于 2m 的围墙	1.0	0.75
挡土墙顶内和墙角外	2.0	0.50
通信管道	1.5	1.00
给水管道（管线）	1.5	1.00
雨水管道（管线）	1.5	1.00
污水管道（管线）	1.5	1.00

表 5-4 植物与地下管线的最小水平距离（m）

名称	新植乔木	现状乔木	灌木或绿篱
电力电缆	1.5	3.5	0.5
通信电缆	1.5	3.5	0.5
给水管	1.5	2.0	—
排水管	1.5	3.0	—
排水盲沟	1.0	3.0	—
消防龙头	1.2	2.0	1.2
燃气管道（低中压）	1.2	3.0	1.0
热力管	2.0	5.0	2.0

表 5-5 植物种植必需的最低土层厚度（cm）

植物类型	草本花卉	草坪地被	小灌木	大灌木	浅根乔木	深根乔木
最低土层厚度	30	20	45	60	90	150

表 5-6 植物的有效土层厚度（cm）

植物类型	草坪	一、二年生花卉	宿根花卉	小灌木	大灌木	小乔木	大乔木
有效土层厚度	20～30	20～30	30～50	40～50	60～70	80～120	100～150

复习与思考

1. 广场绿化的种植方式有哪些？
2. 孤植树的选择标准是什么？
3. 什么是林缘线？

第 6 章
设计程序与方法

教学要求与目标

教学要求：通过本章的学习，学生应当了解城市广场景观的设计程序与方法，包括场地分析，设计立意、构思、比较与完善的过程，设计成果与表达。

教学目标：培养学生的设计实践能力，使学生了解设计的程序与方法，掌握前期资料搜集的方法与重点，通过踏勘、分析场地信息获得设计灵感。

本章教学框架

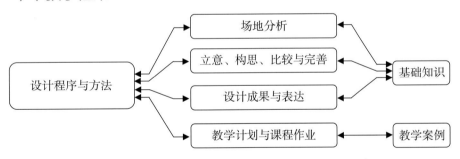

6.1 场地分析

场地分析包括前期资料搜集、踏勘、观察记录、资料整理等阶段。

场地基址调研分析是做好城市广场设计的一个重要前提。面对一块即将要进行广场设计的场地，我们首先要做的就是通过对场地相关资料进行收集，全面了解和掌握场地基址的情况，并在此基础上进行分析、评估。对广场范围内的现状地形、水体、建筑物、构筑物、植物、地上或地下管线及工程设施等进行调查，然后作出评价，并提出处理意见。对有纪念意义、生态价值、文化价值或景观价值的风景资源，应该将其整合到广场的设计之中。对有可能存在污染的基址，在建设广场时，还应该根据环境评估结果，采取安全、适宜的消除污染的技术措施。当需要保留广场用地内原有的自然岩壁、陡峭边坡，并在其附近设置园路、游憩场地、建筑等游人聚集的场所时，应对岩壁、边坡做地质灾害的评估，并应该根据评估的结果，采取安全防护或避让措施。

6.1.1 调研计划

首先要制订场地的调研计划。开始调研之前，应该制订详细的调研计划，以保证调研顺利、高效地进行。一般来说，调研计划包括以下4个方面的内容：一是明确广场场地的调研目标、内容和预期成果；二是熟悉现有文字资料、地形图、卫星图等相关信息，对调研场地有初步的了解；三是明确人员分工，可以根据不同调研项目进行分工，如数据记录、图纸补绘等；四是明确调研计划及时间安排，预想未按计划完成可采取的补救措施。

6.1.2 相关资料的搜集

相关资料的搜集包括搜集规范性资料和同类设计的优秀图文资料。

1. 相关设计规范

设计规范是为保障设计的质量水平而制定的，设计师在设计过程中必须严格遵守这些具有法律意义的强制性规范条文。如《城市用地分类与规划建设用地标准》（GB 50137—2011）、《城市居住区规划设计规范》（GB 50180—2018）。此外还包括规划部门制定的城市总体规划、详细规划、专项规划、城市经济发展计划、社会发展计划、产业发展计划等，同时应注意上一级规划是否对本场地有特殊要求。

2. 收集场地的基础资料

充分了解场地的相关基础资料，有助于增强调研的针对性，因此要在进行场地现状调研之前，尽可能多地收集基地相关的文件类和图纸类资料。包括城市的历史沿革、广场所处的地理位置、广场卫星图、广场面积、广场在城市中的定位等。数据性技术资料，包括规划用地的水文、地质、地形、气象等方面的资料。了解地下水位，年与月降水量，年最高、最低温度及其分布时间，年最高、最低湿度及其分布时间，年季风风向、最大风力、风速及冰冻线深度等。如有可能，尽量收集该地段的能源（电源、水源等）情况，排污、排水设施条件，查明周围是否有污染源，如有毒、有害的厂矿企业等。如有污染源必须在设计中采取防护隔离措施。了解场地服务范围内的人口组成、分布、密度及老龄化程度。了解广场所在城市及区域的历史沿革、城市环境质量、城市交通条件等。了解当地植物状况，包括植物种类、生态群落组成，应特别注意乡土树种及特色物种。

3. 同类优秀设计

优秀设计图文资料的搜集要有针对性，应该搜集性质相同、内容相近、规模相当的资料，学习并借鉴前人的实践经验，了解同类设计的先进设计思想，了解国际上的发展趋势，掌握最先进的设计理念。

6.1.3 场地调查与评估

1. 场地调查与评估

所谓场地调查，即在规定范围、界线之内，对基地内的气候、植被、地形、水文、建筑设施及人文历史、城市规划等做完整的调查。场地的调查包括两个方面：场地外部条件和场地内部条件。广场场地外部的用地条件对广场设计有着直接影响，为使设计后的广场与周围的城市环境相协调，应将调查范围扩大到广场用地的周边。在进行外部环境条件调查时，可以重点考虑以下几个方面的内容：一是用地情况，如居住、商业、工业等用地在广场周边的分布情况，重点分析广场在城市中与周边其他用地的相互关系，以及与城市绿地系统的连接关系；二是基地周边的大气、水体、噪声状况，考虑其对场地设计的影响；三是广场服务范围内的人口状况，包括居民类型、人口组成、分布及老龄化程度；四是交通状况，包括公共交通的类型和数量、停车场分布、道路等级及街道格局、人流集散方向等；五是城市景观条件，观察基地四周有无可以利用的自然景观、地标性建筑等，可以开辟透景线借景；六是广场场地内部条件即基址内部现状，包括地形、土壤、水系、植被、建筑物和管线设施等内容。

场地的环境条件是景观设计的客观依据，通过对环境条件的调查分析，可以很好地把握、认识地段环境的质量水平及其对景观设计的影响，分清楚哪些条件因素是应充分利用的，哪些条件因素是通过改造而可以得到利用的，哪些因素是必须回避的。绘制现状图，现状图即场地分析图，包括场地的自然条件（地形、光照、植被等）、环境条件、景观定位等，并做好现状记录与评估（现存物中需要保留利用、改造、拆除的情况要分别注明）。

(1) 基址的位置和周围环境的关系。

①场地周围的用地状况和特点：相邻土地的使用情况和类型。相邻的道路和街道名称，其交通量如何？何时高峰？街道产生多少噪声和眩光？

②相邻环境识别特征：建筑物的年代、样式及高度，植物的生长发育情况，相邻环境的特点与感觉，相邻环境的构造与质地。

③标出周围居住区和主要机关的位置：学校、警察局、消防站、商业中心和商业网点、公园和其他娱乐中心。

④标出相邻交通的状态：道路类型、体系和使用量，人流、车流集散方向。交通量是否每日或随季节改变，到场地的主要交通方式中哪种最合适？什么时间到最合适？附近公交线路和时刻表。这些对确定广场出入口有决定性作用。

⑤相邻场地的区分和建筑规范：允许的建筑

形式，建筑的高度和宽度的限制，建筑红线要求，道路宽度要求，围栏和墙的位置、高度的限制。

(2) 地形。
地形是广场塑造的形态基础，需要调查分析地形地势的起伏变化、走向、坡度等内容。
①绘制等高线地形图，标出整个场地的标高；必须因地制宜，适应场地中的不同坡度。
②若有大的地势变化需要标出主要地势形态。
③标出冲刷区和表面易积水区。

(3) 水文与排水。
需要了解水文特点，比如河流的流速、流量、流向、水深、洪水位、常水位、枯水位等，以及水质状况、水利设施情况等。
①标出每一汇水区域与分水线，检查现有排水点，标出排水口的流水方向。
②标出河流、湖泊的季节变化，记录最高水位，检查冲刷区域。
③标出静止水的区域和潮湿区域。
④了解地下水情况，水位随季节的变化情况，含水量和再分配区域。
⑤了解场地的排水情况，观察附近是否有径流流向场地，若有，需了解其流向场地的时间、径流量，以及场地排水所需时间。

(4) 土壤。
需要调查土壤的类型，土壤的物理、化学性质，土层厚度，分布特点等。应标注土壤是酸性土还是碱性土，是砂土还是黏土，以及土壤肥力。

(5) 植物。
调查现有植被的种类、数量、高度、群落构成，调查古树名木的分布情况并评定其观赏价值。

①标出现有植物的位置。
②标明所有现有植物的条件（植物种类、树龄、树高、树形、生长状况）、观赏价值（是否古树名木）。
③对现有植物进行研判。

(6) 小气候。
①全年季节变化，日出及日落的太阳方位。
②全年不同季节、不同时间的太阳高度。
③夏季和冬季阳光照射最多的方位区。
④夏季午后太阳暴晒区，夏季和冬季遮阴最多的区域。
⑤全年季风方位。
⑥夏季微风吹拂区和避风区。
⑦冬季冷风吹拂区和避风区，冷空气侵袭区域。
⑧最大和最小降雨量。
⑨冰冻线深度。

(7) 原有建筑及构筑物。
调查现有建筑的位置、面积、高度、风格、用途及使用情况。包括：建筑形式；建筑的通高；建筑立面材料；门窗、墙、围栏、平台、道路的材料、状况和位置。标出地面的三维空间要素。

评价由室内看室外景观的感受，判断建筑是否遮蔽或加强景观效果。

(8) 市政管线。
包括供电、给水、排水、排污情况，比如现有各种地上、地下管线的种类、走向、管径、埋深等。

(9) 视线。
①调查在场地每个角度所能欣赏到的景物，判断应强化还是消除部分景物。

②了解并标出由室内向室外看到的景观，思考设计时如何处理这些景观。
③调查由基址内向外看到的景观，周边建筑的檐高、立面效果、道路状况、植物分布情况。

(10) 空间与感知。
①了解场地的空间，何处是"墙"，如绿篱、墙体、植物群等；何处是"天花板"，如树冠等，此外还需要注意场地的围合性。
②标出场地空间的特色并评价其给人的感受。
③标出特殊的或扰人的噪声及声源，如交通噪声、水流声、风吹松枝的声音等。
④标出特殊的或扰人的气味及其产生位置。

(11) 场地的功能。
①标出场地怎么使用。
②标出需特别处理的位置和区域，如沿散步道或车行道的位置、草坪边缘。
③记录到达场地时的感觉及所见到的景物。
④标出冬季需铲雪的地方。

场地勘察是场地基址调研分析阶段不可缺少的一步。设计者到基地勘察，通过观察和体验场地环境，可以建立直观认识，增进对基址地形、地貌、土壤、植物、人文历史的了解，激发设计灵感。

在勘察过程中综合使用照相机、摄像机、无人机等电子设备拍摄一些基地环境的素材，供将来规划设计及后期制作多媒体成果时参考使用。

2. 调研方法
调研方法多种多样，一般我们使用观察法、拍照法、访谈法和问卷调查法等方法进行现场调研，有时也会将不同的调研方法结合使用。

(1) 观察法。
观察法主要包括参与性观察和行为观察。

参与性观察，指观察者以使用者的身份观察场地，并记录使用感受。

行为观察，指观察者作为旁观者，对使用者的行为活动和场地状况进行观测、记录。观察的内容包括使用群体特征、场所利用情况等，观察的时间应兼顾工作日和休息日，以确保观察对象的完整性。

(2) 拍照法。
拍照法指借助照相机、摄像机等数字设备工具，记录调查的相关内容。

(3) 访谈法。
访谈法指访谈者通过和受访人面对面的交谈，来了解受访人的心理和行为。可根据需要，提前设计好访谈问题，使访谈更具有针对性。

(4) 问卷调查法。
问卷调查法是目前常用的调研方法之一，能够让人们直接参与评价，量化人们的心理感受，适合调查人们对空间利用的态度和倾向。可以通过发放社会调查表，举行小型座谈会，收集附近居民的要求和建议，使设计者了解居民的想法，并在将来进行方案设计时，从实际使用情况出发，创造符合居民需要的城市广场。

3. 新技术的应用
新技术的发展在场地调研分析中发挥着越来

越重要的作用，主要体现在信息采集、信息分析、可视化与模拟设计方面。

（1）信息采集技术。

景观信息包括地形、植被、水体、建筑等环境要素，大气、土壤、降水等自然要素，以及人类个体的时空行为数据等。

近年来，随着移动互联网和云计算等技术的发展，景观信息采集已经不满足于传统的以文字、绘图和摄影图片为主的采集方式。社交网络等也被纳入数据生产中，为风景园林信息的获取提供了崭新的途径。开放组织数据如百度地图，社交网络数据如大众点评、微信、微博等，都是更新快、覆盖广的新型数据来源，为场地调研分析提供了新的途径。除此之外，还可以通过无人机航拍和数字化测绘等手段获得更加直观、精确、便于处理的场地资料。

（2）信息分析技术。

随着信息分析技术的不断进步，景观研究方法也开始从定性评价逐渐转变为定性与定量结合评价。

设计师可借鉴相关学科的定量分析技术，与风景园林理论结合，提出数学分析模型，对场地进行分析和评价。例如，在进行城市广场设计时，可以运用地理信息系统对场地进行生态敏感区分析、用地适宜性分析、景观美感度分析、可达性分析、视线视域分析、风热条件分析、景观格局分析等，如图 6-1 所示。

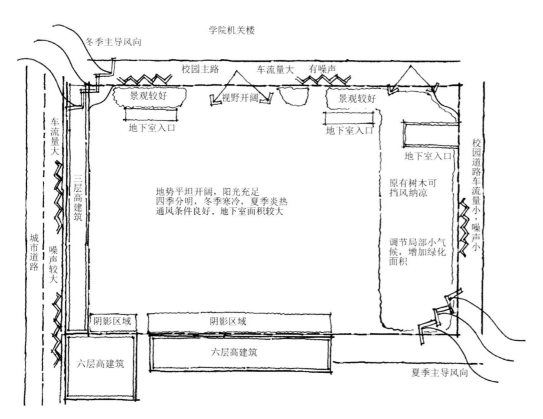

图 6-1 场地分析图 1

(3) 可视化与模拟设计技术。

可视化技术是将测量或科学计算过程中产生的大量非直观的、抽象的、不可见的数据借助计算机技术，以图形、图像的形式，更直观、形象地表达出来。在场地基址调研分析阶段，可利用航拍建模软件，将航拍图像生成模型，以便于对基地进行更加直观、全面的分析，如图 6-2 所示。

6.1.4 场地分析

通过资料搜集和基地调查，我们可以绘制一张现状图。可以绘制多张单项图纸，或者在条件不太复杂的情况下将收集的资料综合绘制在一张图纸上。绘图方式不限，可以采用简单的手绘，也可在整理之后使用计算机绘制，还可以使用马克笔、彩铅上色，并进行适当的文字说明，将分析内容表达清楚即可。现状分析的目的是更好地指导设计，所以不仅要收集分析的内容，还要得出分析结论。例如，可以通过分析设计场地的小气候条件绘制植物初步布置图，并根据冬季主导风向布置防风林（由常绿植物组成的防风屏障），根据夏季主导风向布置低矮地被或者分支点高的乔木，以形成开阔界面。

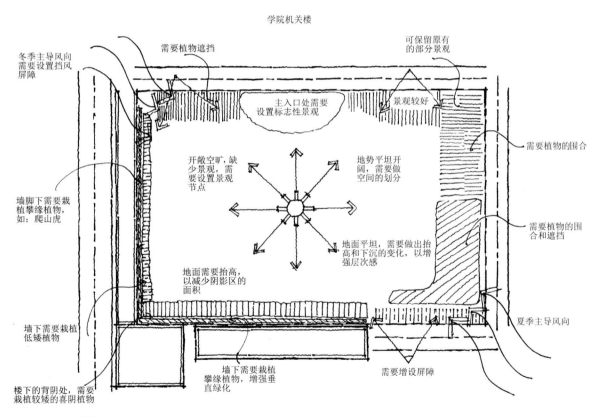

图 6-2　场地分析图 2

6.2 立意、构思、比较与完善

通过前期的调查整理，我们对设计要求、环境条件及前人的实践已经有了一个比较系统、全面的了解和认识，并得出了一些原则性结论，可在此基础上进行方案设计。本阶段的具体任务包括设计立意、方案构思、方案比较和完善。

6.2.1 设计立意

1. 设计立意

设计立意既关系设计的目的和意义，又影响所采用的设计手法；既关系整体结构，又影响局部设计。

立意过程就是设计者根据功能需要、艺术要求、环境条件等因素，对场地的特征进行充分的分析与挖掘，经过综合考虑、逐次提炼形成影响设计的理性因素，进而形成一个有理可循的系统完善的设计理念。造园立意作为意境创作的核心环节，在不同的历史时期和文化背景下，具有不同的追求或侧重点。

中国古代园林的造园立意主要围绕伦理、道德、志向等人文精神展开，产生了以"诗情画意"为指导，以"情景交融"为内涵，以"写意山水"为特征的创作理论和方法。

随着自然环境的变化，人与自然的矛盾已经上升为当代社会的重要矛盾。造园立意突出自然发展和生态建设的要求更加迫切，这就要求现代风景园林在意境创作方面，以人与自然和谐发展为主旨，借助园林景物和景象展现人对自然的理解和尊重。作为中国传统园林最根本、最重要的创作手法，创造意境无疑是发展具有中国特色的现代园林所必须遵循的法则。这就要求当代风景园林师一方面追根溯源，探究意境理论的渊源及其在传统园林营造中的作用。另一方面结合意境理论与现代社会的发展要求，探寻符合现代园林艺术特点的创作理论和创作方法。广场作为游憩境域的空间造型艺术，应基于园林特有的要素和空间形式，含蓄地表达造园意图。基于意境理论的园林创作方法，首先要确定适合园林艺术表现的造园立意，再据此创造令人赏心悦目的园林景物和景象，使游览者感受设计师所要传达的意象和意境，进而体会设计师的创作意图，与设计师产生共鸣。

（1）从"诗情画意"进行立意。

城市广场中融入"诗情画意"，讲究"景生于象外"，是情与景的结合。广场景观的构思与设计，以因山就势、顺应自然、追求乐趣为宗旨。地形改造、水系处理和道路设计，均应体现这一宗旨。

（2）从生态角度进行立意。

在广场设计中，应注重城市建设与自然协调发展，使城市广场建设在发挥娱乐观光、休闲游憩等作用的同时，还能使整个城市的生态系统处于平衡状态，促进自然系统中物质和能量的循环。

（3）从"场地文脉"进行立意。

城市广场设计是一种源于自然并高于自然的，

有着丰富历史文化底蕴的物质环境的创造活动，因此城市广场设计是保持和塑造城市风情、文脉与特色的重要措施。设计师应以自然生态条件与地带性植被为基础，将民俗风情、传统文化、历史遗迹等融入广场设计，烘托城市环境的文化氛围，体现城市独特的历史文化底蕴。

（4）从"地方风情"进行立意。
从地方风情出发进行立意的广场设计，能够反映当地的风土人情、地域特征和风格特点，有助于展现地方文化和彰显地方内涵。不同地方的民俗风情存在着显著的差异。设计时，如要从地方风情出发进行立意就需要进行实地考察，充分了解当地的风土人情，充分反映民族特色、文化特色和时代特色。

广场设计需要有明确的立意，并且需要从场地本身找到设计的立意，有的是从场地的自然条件出发，展现自然风貌；有的是从生态角度出发，激发场域的生命力；有的是从场地的地域特征出发，使场地在现有的城市中再现其独特的历史魅力。如果立意明确，在采用具体的处理手法如景观布局、游览节奏调整时，都可以围绕原定的立意铺垫展开，做到层次有序、一气呵成。

2. 城市广场布局的形式
城市广场的总体布局是在园林艺术理论的指导下，对广场空间进行巧妙、合理、系统的安排和协调。从内容的角度进行布局，就是把各要素按照设计理念，以某种合理的方式排布于用地范围之内；而从形式的角度进行布局，就是创造一个基本图形，这个基本图形的构成要素是点、线、面。无论哪一种风格、哪一个地区的广场，其组成元素，即其物质基础都是一样的，无非地形、铺装、水体、植物、建筑与小品等。之所以会形成各种风格迥异的广场形式，就是因为其组成元素的布局形式不同。

（1）影响城市广场布局形式的因素。
第一个因素是广场的功能和性质。功能和形式之间总是存在一定的相关性。例如，以亲近自然、体验自然为主要目的的广场，其形式应突出自然的特点，而弱化"人造"的痕迹。如果要塑造有秩序感的空间，广场的形式应该较为规则、工整、严谨，呈几何形。不过这种相关性并不是绝对的，在不同的文化背景中都会有一些特例。

第二个因素是文化背景和传统。历史上出现了不同的园林风格，我们可以根据某一历史园林的平面图，猜测它来自哪一历史时期。这是因为文化背景和传统，在园林布局形式上烙下了鲜明的印记。根据相关形态设计理论，形式和意义之间的关系存在约定俗成的规则。要让他人理解和领会广场的形式及其意义，必须以广场所处的文化背景和传统为依据进行设计，如果形式及其意义不能被理解和领会，整个形式也就失去了意义。同时要注意形式和意义的关系，它并非一成不变，而是处在发展变化之中。所以选择和创造广场形式时，既要关注特定的文化背景和传统，又要善于吸收和创新。今天的广场设计形式，吸收了现代主义的精神，并结合当地的特点和设计师的美学认知，形成了多样化的面貌。

第三个因素就是场地的条件和特点。布局形式的确定肯定要结合场地的具体情况来考虑，场地本身的山水结构富于变化，如果做规则式布局，就可能导致景观资源及人力、物力的浪费。同样，如果在平坦的土地上大规模地挖湖堆山，去营造所谓的自然山水格局，也是不合适的。尤其是如今社会普遍重视自然、尊重自然，提倡节约资源，在进行城市广场布局时，就更应该因地制宜，减少资源浪费。

对于总体布局可以大致以这样的步骤进行：首先做大致功能分区和景观分区，再布置重要景点和主要园路系统。可以先创作和提炼布局的基本图形，并根据基本图形调整分区、重要景点及园路系统的分布形式，之后再添加、补充景点景物，完善广场铺装。最后，进行整体的调整和完善，完成整体的布局。如果广场的面积比较小，也可以通过图底关系，将整个场地看作一整块铺装，在其上做景观布局，控制主体景观，利用水体、植物、建筑小品、地形等结合组景，而不必担心道路的连通性。

(2) 城市广场的布局形式。

城市广场的布局形式多种多样，一般来说可以归纳为3种类型：规则式、自然式和混合式。但近几十年来出现了许多创新性的布局形式，这些新的形式很难贴切地归入上述3种形式之中，所以这里以现代新形式代称之。

①规则式。

规则式又称整形式、几何式、对称式，是一种具有几何美、秩序美和人工美的园林形式，往往通过轴线，将不同的元素、空间整合到一起，整体布局整齐而严谨。在规则式布局中，景点和景点之间、景观空间和景观空间之间、道路和道路之间都存在着明确的几何对位关系。规则式布局，给人的印象是工整、严谨、庄重。在一定规模下，还容易产生宏大、广阔的效果。当然，我们并不否认规则式布局也可以创造轻松、浪漫的空间氛围，很多广场案例都能体现这一点。

规则式布局在平面规划上有明显的中轴线，有时候还辅以若干"副轴线"，从而形成一个"轴线系统"。整个广场的"基本图形"表现为较为严格的几何关系。分区布局和局部设计也主要表现为某种几何形式，且有自己的轴线，这些轴线与整个园林的主干轴线存在着紧密的联系。

做好规则式布局需注意两点：第一，控制好轴线系统，第二，设计好整体的"几何图形"。

②自然式。

自然式又称风景式、山水式、不规则式等。自然式广场无明显的对称轴线，以模仿自然、再现自然为主要目的，各元素间的相互关系较为灵活。这种形式比较适合有山有水、有地形起伏的环境，可形成富有变化的观景线，整体氛围含蓄、优雅，意境深远。自然式广场的典型代表为中国的自然山水园林和英国的风景式园林。

③混合式。

混合式主要指规则式、自然式交错组合的形式。混合式布局是城市广场布局的主要手法之一，具有开朗、明快、变化丰富的特点。它的运用与场地条件、功能要求密切相关。一般情况下，在原地形平坦处，根据总体布局的需要，安排规则式布局；在原地形条件较为复杂，如起伏不平的丘陵、山谷、洼地等处，安排自然式布局。

混合式布局的关键是处理好"规则"和"自

然"的关系。第一，两者中不能有一个占有绝对的优势，否则就不能形成混合式模式。第二，应特别注意"规则"和"自然"的交接处的处理。

④现代新形式。

相较传统的园林形式，现代城市广场所呈现的风格特征更丰富多样，这已经成为设计师们所关心的基本问题之一。在信息交流频繁、艺术风格多元、广场功能要求复杂的今天，城市广场也展现出多元化的风格特征。当前很多园林设计的实例，用传统的布局模式难以概括，这是形态理论发展的必然结果，也是文化随着时代而发展的必然结果。目前，关于这类园林的布局形式并没有统一的叫法，多数讨论设计理论的文章或著作只是把它当作某种艺术思想或思潮的产物。

当代艺术对园林设计风格的影响也不容忽视。如今，各种艺术思潮并存，城市广场设计也呈现出与其他设计类别一样的，前所未有的多元化与自由性的特征。后现代主义、折中主义、历史主义、解构主义、极简主义、波普艺术、结构主义等，都是当代设计风格的思想源泉。

A. 后现代主义与景观设计。

20世纪60年代起，资本主义经济发展进入全盛时期，而在文化领域出现了动荡和转机。一方面，代表着流行文化和通俗文化的波普艺术蔓延至设计领域；另一方面，流行了三四十年的现代主义建筑，已从新颖之物变成陈旧之物，渐渐失去对公众的吸引力。20世纪六七十年代以来，环境污染日益严重，人口数量激增，人们开始怀念过去的美好时光，强调历史的价值、基本伦理的价值，以及传统文化的价值。

后现代主义建筑理论的奠基人——美国建筑师罗伯特·文丘里认为，建筑设计要综合解决功能、技术、艺术、环境及社会问题等，因而建筑艺术必然是充满矛盾的和复杂的。后现代主义建筑理论的主要发言人——英国建筑理论家查尔斯·詹克斯，总结了后现代主义的6种类型或特征：历史主义、直接的复古主义、新地方风格、因地制宜、建筑与城市背景相和谐、隐喻和玄学及后现代空间。关于后现代主义与现代主义的关系众说纷纭，有人认为这是两种截然不同的风格，有人则认为后现代主义仅仅是现代主义的一个阶段。多数学者认为后现代主义与现代主义既有区别又有联系，后现代主义是对现代主义的继续与超越，与现代主义相比，后现代主义的设计应该是多元化的设计。

建筑师查尔斯·摩尔设计的新奥尔良市意大利广场是典型的后现代主义作品，如图6-3所示。广场地面采用了临近一幢大楼的黑白线条的形式，处理成同心圆，并将意大利的地图设计成中心水池的图案。广场周围建有一组无任何功能、漆着耀眼的橙黄色颜料的弧形墙。罗马风格的科林斯柱式、爱奥尼柱式采用不锈钢柱头。五颜六色的霓虹灯、不锈钢材质的陶立克柱式、喷泉形成的塔司干柱式，以及墙面上设计者的头像，完全是后现代主义典型符号的大杂烩，整个作品充满了讽刺、诙谐、玩世不恭的意味。

巴黎雪铁龙公园带有明显的后现代主义的一些特征，如图6-4所示。位于巴黎市西南角的雪铁龙公园原本是雪铁龙汽车厂的厂房，邻近塞纳河。20世纪70年代，随着城市化进程的发展及产业结构的调整升级，厂房迁至巴黎市郊，市政府决定在这块地上建造公园，并组织了国际设计竞赛。竞赛有两个设

广场设计及园林绿化

图 6-3 新奥尔良市意大利广场
由建筑师查尔斯·摩尔设计。

【新奥尔良市意大利广场】

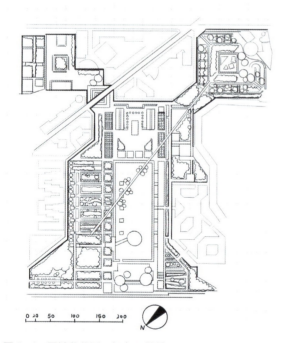

图 6-4 雪铁龙公园 郭大干 抄绘
公园平面呈 Y 型，有 3 条轴线。东西轴线穿越两个温室和大草坪，向西延伸至塞纳河边的高架桥，形成通向塞纳河的视线廊道。大草坪北侧的 6 处跌水形成南北方向的辅轴线。斜穿大草坪的对角线打破严谨的构图，作为主要游览路和轴线，将黑色园、草坪、喷泉广场串联起来。

【雪铁龙公园】

计小组胜出，他们的作品相似。政府难以取舍，最终决定将两个方案合并，由两组设计师各设计一部分。风景师 G.Clement 和建筑师 P.Berger 负责公园北部的设计，包括白色园、大温室、小温室、运动园和系列园；景观设计师 A.Provost 和建筑师 J.P.Viguier 及 J.F.Jodry 负责公园的南部设计，包括黑色园、中心草坪、大水渠和水渠边的小建筑。

雪铁龙公园是占地 45 万平方米的大型城市公园，在两条城市干道围成的三角地带，沿岸的一侧是铁路线，东北两面是居民区，南面是体量大的办公楼。

雪铁龙公园的设计体现了"规则"与"自然"的结合。公园以 3 组建筑来组织空间。这 3 组建筑相互间有严谨的几何对位关系，它们共同限定了公园中心部分的空间，同时又构成一些小的系列主题花园。第 1 组建筑是公园东部的两个形象一致的玻璃大温室，它们体量高大，材料轻盈通透，风格优雅，如图 6-5 所示。第 2 组建筑是位于中心南部的 7 个混凝土立方体，设计者称之为"岩洞"，它们等距地沿水渠布置。与这些岩洞相对应的是在公园北部，中心草坪另一侧的 7 个轻盈的方形玻璃小温室，它们是公园中的第 3 组建筑，在雨天可以成为游人避雨的场所，如图 6-6 所示。岩洞与小温室一实一虚，相互对应。

公园中主要的游览路是对角线方向的轴线，它把公园分为两个部分，又把园中各个主要景点，如黑色园、中心草坪、系列园等联系起来。这条游览路虽然是笔直的，但是却富于变化，所以并不令人感觉单调。两个大温室，作为公园中的主体建筑，如同法国巴洛克园林中的宫殿，温室前下倾的大草坪又似巴洛克园林中宫殿前下沉式的大花坛。大草坪与塞纳河之间关系的处理让人联想到巴黎塞纳河边许多传统园林的处理手法：大水渠边的6个小建筑是文艺复兴和巴洛克园林中岩洞的抽象表现形式；系列园的跌水如同意大利文艺复兴园林中的水链，跌水同时也分隔开这些系列花园；林荫路与大水渠更是直接引用了巴洛克园林造园的要素；运动园体现了英国风景园的精神；而黑色园则明显受到日本枯山水园林的影响，如图6-7所示；6个系列园面积一致，均为长方形。公园北部6个系列园的每个小园都通过一定的设计手法体现一种金属和它的象征性对应物，如一颗行星、一星期中的某一天、一种色彩、一种特定的水的状态、一种感觉器官等。银色园象征金属银，代表月亮、星期一、小河和视觉器官，园中配置银白色叶片的植物。兰色园、绿色园、橙色园、红色园、金色园也都有相应的处理。

图6-5　雪铁龙公园的大温室　施济光 摄

两个温室雄踞全园的最高点，俯瞰公园中心缓缓坡向塞纳河岸边的大草坪。两座温室之间是一组喷泉。这个区域是全园中心轴线的起点，空间感的形成并不倚重边界的围合，而是突出两座建筑。

图6-7　雪铁龙公园的黑色园　施济光 摄

黑色园位于居住区的中心，相对独立、自成体系。设计师在有限的空间内创造出有4个标高的立体公园，使空间更丰富，更能满足居民灵活多样的使用需求。位于四周的系列下沉花园与处于其他几个标高的部分有交叉呼应，起到了串联组织各个部分使之形成整体的作用。下沉花园空间狭窄、光线较暗，且植物生长茂密，很好地诠释了黑色园的主题。

图6-6　雪铁龙公园的小温室　施济光 摄

小温室和系列园这部分是公园内空间营建最为精彩的部分。6座小温室被抬升大约4m的高度，背向园外一侧，形成界定公园的边界。这6座小温室由高架步道串联。

【雪铁龙公园的大温室】

【雪铁龙公园的小温室】

【雪铁龙公园的黑色园】

B. 解构主义与景观设计。

法国哲学家雅克·德里达于1967年提出解构主义（Deconstructivism）的概念。解构主义大胆向古典主义、现代主义和后现代主义提出质疑，认为应当颠覆一切既定的设计规律，比如反对建筑设计中的统一与和谐，反对形式、功能、结构、经济间的有机联系，认为建筑设计可以不考虑周围的环境，提倡分解、片段、不完整、无中心、持续地变化。解构主义多采用裂解、悬浮、消失、分裂、移位、拆散、斜轴、拼接等手法。

拉·维莱特公园是解构主义景观设计的典型代表，位于巴黎市东北角。弗朗索瓦·密特朗总统将其列为纪念法国大革命200周年巴黎建设的九大工程之一，要求将其建为属于21世纪的、充满魅力的、独特并且有深刻思想含义的公园。它既满足人们身体和精神上的需求，又是体育运动、娱乐、自然生态、科学文化与艺术等诸多方面相结合的开放性公园。1982年举办了公园设计竞赛，解构主义大师伯纳德·屈米的作品脱颖而出。

在拉·维莱特公园的设计过程中，序列、主景、构图等传统内容被抛弃，各种要素被分解开，又重新组织，达到超现实主义绘画中不期而遇的美学效果。

拉·维莱特公园占地约55万平方米，环境十分复杂，东西向的乌尔克运河横穿公园，如图6-8所示。其南部有19世纪60年代建造的中央市场大厅，大厅南侧是音乐城，公园北部是国家科学技术与工业展览馆。

伯纳德·屈米的公园方案从法国传统园林中提炼出一些要素，如巨大的尺度、视轴、林荫大道等，设计师通过一系列手法，以一种奇特的方式对各要素加以组合，把公园内外的复杂环境有机地统一起来，并且满足了各种功能的需要。他的设计非常严谨，构建了由点、线、面3种要素构成的空间，并将3种要素叠加在一起。伯纳德·屈米首先把基址按照120m×120m的尺寸画了一个严谨的方格网，在方格网内约40个交汇点设置了构筑物，这是伯纳德·屈米解构主义思想"点"的要素。伯纳德·屈米把它们称为"Folie"，它们形态各异，具有明显的构成主义风格。每一个"Folie"都是立方体，如图6-9所示。有些小建筑因

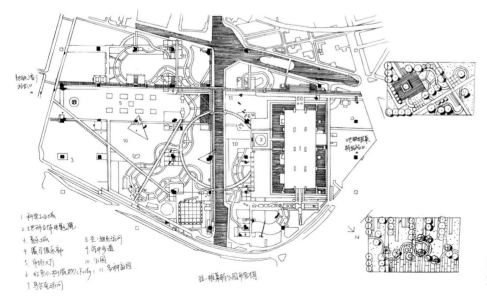

【拉·维莱特公园】

图6-8　拉·维莱特公园
刘睿　抄绘

第 6 章 设计程序与方法 / 163

图 6-9 拉·维莱特公园中红色的"Folie" 施济光 摄

有些"Folie"仅作为"点"元素,它们没有使用功能。而有些"Folie"是问询室、展览室、便利店、咖啡馆、音像厅、钟塔、图书室、手工艺室、医务室,这些使用功能也可随游人需求的变化而改变。一些"Folie"的形象让人联想到各种机械设备。运河南侧的一组"Folie"和公园西侧的一组"Folie",各由一条长廊联系起来,它们构成了公园东西、南北两个方向的轴线。

【拉·维莱特公园中红色的"Folie"】　【拉·维莱特公园中的"线"要素】　【拉·维莱特公园中的"面"要素】

与公园的服务相结合而具有一定的实用价值,而另一些则是结构体系的延续,仅起到装饰作用。如有的"Folie"设在室内,有的因其他建筑所占用的空间过多而只能设置半个,有的又正好成为一栋建筑的入口。可以说方格网和"Folie"体现了法国巴洛克园林的设计逻辑与秩序。

公园中"线"的要素包括两条长廊、几条笔直的林荫路、中央跨越乌尔克运河的环形园路和一条被称为"电影式散步道"的贯通全园主要部分的流线型游览路,如图 6-10 所示。这条精心设计的游览路打破了由严谨的方格网建立起来的秩序,同时也联系着公园中的 10 个主题小园,包括镜园、恐怖童话园、风园、雾园、龙园、竹园等。这些主题

图 6-10 拉·维莱特公园中的"线"要素 施济光 摄

小园分别由不同的设计师或艺术家设计,形式各不相同,有的是下沉式的,有的以机械设备创造出来的气象景观为主,有的以雕塑为主,有的以植物为主。伯纳德·屈米把这些主题小园比喻成一部电影的各个片段。公园中"面"的要素就是由这 10 个主题小园和其他铺装场地、大片草坪、树丛与水体、大型建筑等组成的,如图 6-11 所示。

图 6-11 拉·维莱特公园中的"面"要素 施济光 摄

在拉·维莱特公园的设计中,伯纳德·屈米对传统意义上的秩序提出了质疑,他用分离与解构的方法有效地处理了一条复杂的地段。他把公园的要素通过"点""线""面"分解,使其各自组成完整的系统,然后又以新的方式将其叠加起来。公园的三层体系都以不同的几何秩序来布局,相互之间没有明显的关系,这样便形成了强烈的冲突,构成了矛盾。

C. 极简主义与景观设计。

极简主义就是将一种思想削减到其最本质的部分，并以最简洁的要素表现出来。它在形式上追求极度简化，以较少的形状、物体、材料和变化来控制大尺度的空间，形成简洁有序的景观。它也运用单纯的几何形体构成景观要素或单元，不断地重复，形成一种可以不断生长并具有驱动力的结构，或者在平面上用不同的材料、色彩、质地来划分空间，也常使用不锈钢、铝板玻璃等非天然的材料。美国景观设计师彼得·沃克是极简主义的杰出代表。

彼得·沃克这批50年代受教育的景观设计师，受古典主义思想的影响较少，受现代主义思想，如功能主义等思想影响较多。因此，彼得·沃克的早期作品表现为两个倾向，一是建筑形式的扩展，二是与周围环境的融合。直到1977年夏天，彼得·沃克赴法国进行教学学习时突然感悟，安德烈·勒诺特尔设计的园林就是用少数几个要素控制巨大的尺度空间，是将艺术与景观结合的极简主义的代表。彼得·沃克这时候意识到了安德烈·勒诺特尔的古典主义、极简主义和早期现代主义在许多方面是相通的，是形式的再创造和对原始的精神力量的探索。他开始了新的创作，通过将这3种艺术思想的经验结合起来去塑造景观，并寻找解决社会和功能问题的方法。他发现，极简艺术中最常见的手法"序列"，即对某一要素的重复使用，或对要素之间间隔的重复，在景观设计中是非常有效的处理手法。

彼得·沃克设计的极简主义景观在构图上强调几何和秩序，多用简单的几何母题如圆、椭圆、三角，或者重复使用这些母题，使不同的几何系统交叉和重叠。材料上除使用新的工业材料如钢、玻璃外，还发掘传统材料的新的魅力。它通常将所有的自然材料都纳入严谨的几何秩序之中，将水池、草地、岩石、卵石、沙砾等以一种人工的形式表达出来，使其边缘整齐、严格，体现工业时代的特征。种植也是规则的，树木大多按网格种植，整齐划一，灌木被修剪成绿篱。花卉追求整体的色彩和质地效果，被作为严谨几何构图的构成要素。如伯纳特公园、柏林波茨坦广场索尼中心、"9·11"国家纪念广场等，如图6-12～图6-14所示。

彼得·沃克的作品受到包豪斯艺术思想的影响，特别是路德维希·密斯·凡·德·罗的影响。实际上，西方古典园林设计思想、安德烈·勒诺特尔的园林设计思想、现代主义、极简主义和大地艺术共同影响了彼得·沃克的设计。他在世界上的许多国家留下了作品，包括美国、德国、法国、西班牙、日本、墨西哥、中国。彼得·沃克指导过的学生，如乔治·哈格里夫斯、玛莎·施瓦茨都成长为新一代景观设计师，且成绩斐然。

D. 综合的艺术与景观设计。

综合的艺术的代表人物是玛莎·施瓦茨，她的作品魅力在于设计的多元性，她深受极简

图6-12　伯纳特公园

采用了网状主路与45°斜交次路相叠合的规整布局形式，在比路面略低的绿色草坪的映衬之下，产生了一种强烈的图案效果。

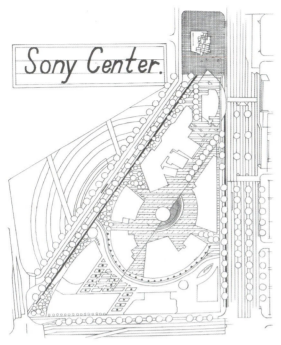

图 6-13　柏林波茨坦广场索尼中心　刘睿 抄绘

彼得·沃克选用与建筑相呼应的材料，如玻璃、金属材料、石材等，与植物巧妙组合和衔接，并采用重复构图的形式。椭圆形广场上有一个半月形的种植池和一个圆形的水池，水池大部分位于广场上，一部分悬在地下采光窗上，成为建筑地下层透明的屋檐，可以让人欣赏到水纹带来的奇妙的光影变化。整体设计简约、干净、巧妙，严谨而又不缺乏亲切感。

图 6-14　"9·11"国家纪念广场

两个巨大的人工瀑布，建在前世界贸易中心双子塔遗迹上，最终汇入中央 6m 深、占地 4000m² 的方形水池。

【柏林波茨坦广场索尼中心】　【"9·11"国家纪念广场】　【玛莎·施瓦茨的个性设计】

主义和大地艺术的影响。在玛莎·施瓦茨的设计中，大量运用直线、网格和一些纯几何形体，如圆形、椭圆形、方形等，具有强烈的秩序感。她的作品在形式上与极简主义极其相似，又很容易融入城市的大环境中。玛莎·施瓦茨还受到波普艺术的影响，她的许多作品是日常用品和普通材料的集合。传统的造园材料如石、植物、水体等，被她以塑料、玻璃、陶土罐、五彩的碎石、瓦片、人工草坪等代替，她有时甚至使用食物来进行景观设计。1979 年，玛莎·施瓦茨为自己在波士顿的家设计了面包圈花园，如图 6-15 所示。这是以面包圈为材料设计的规整几何形的作品。花园位于住宅北面，花园中原有两层 0.4m 高的黄杨绿篱。在内外环绿篱之间，玛莎·施瓦茨布置了 0.75m 宽的紫色碎石地面，上面等距放置了 96 个做过防水处理的面包圈。她还在内层绿篱里面，以等距种植了 30 株紫色的藿香，两棵紫杉和日本槭是花园的背景。玛莎·施瓦茨认为，面包圈是一种廉价的、易维护的、不需要阳光的材料，涂抹海焦油之后还具有防水的特性。

玛莎·施瓦茨选择的材料充满趣味，造价也相对低廉。传统的景观设计中，人们过于重视技术和材料，而缺少对作品

图 6-15　面包圈花园

面包圈被涂成金色，在浓烈的紫色碎石的衬托下变得醒目而绚丽耀眼，紫色的藿香与碎石形成呼应，绿篱形成两个方形环。严谨的方形与面包圈形成对比，对廉价食物的应用也是玛莎·施瓦茨对传统景观设计的挑战。

概念方面的关注。景观设计要进步，就必须以更开放的思想考虑材料，以增加设计语言。玛莎·施瓦茨的许多作品使用非常绚丽的色彩，接近大众审美，具有通俗的观赏性，如纽约亚克博·亚维茨广场等。

从本质上说，玛莎·施瓦茨也是一位后现代主义设计师，她的作品表达了对现代主义的继承与批判。玛莎·施瓦茨批评现代主义的景观设计思想，她认为，景观应该充分表达形式和构图，而不应只是作为建筑的背景，要满足社会和环境的功能。但是她赞赏现代主义的社会观念，即优秀的设计必须能为所有的阶层所享用。玛莎·施瓦茨采用混凝土、沥青、塑料等普通、廉价的东西代替那些昂贵的材料来设计景观，服务普通大众。她将后现代的思想融入作品之中，常常依据与基地相关的含义展开设计，使景观不仅展现历史文脉和地方特色，而且具有更深层的意义。她经常将西方古典园林的一些要素以现代的手法加以抽象和变形，体现在作品中。

自20世纪70年代以来，玛莎·施瓦茨完成了从私家花园到城市景观的大量设计，引起了设计界的广泛关注，并且和一些著名的建筑师如菲利普·约翰逊、矶崎新等合作，在世界范围内都有较大的影响。

无论规则式、自然式、混合式还是现代新形式的城市广场，都建立在自然环境的基础上，融合了民族和地域文化，是与时俱进的作品，体现了设计师的匠心。现代城市广场设计需要汲取传统园林的艺术价值，从时代特征、地方特色出发，发展出适合的风格，诠释现代的城市空间和广场空间。

广场设计有一定的理论原则，但在形式的选择上并不能固化、僵化，因为我们无法说一种形式优于另外一种形式。选择广场形式时，需要结合广场的立意，进行综合评估判断。

6.2.2 方案构思

方案构思即对城市广场进行功能分区或景观分区。在进行城市广场的总体设计和布局构思时，需要对其进行分区规划，即将整个广场划分成若干个小区域，然后对各个小区域进行更为详细的设计。分区规划的标准不同，可以从使用功能的角度进行功能分区，或者从景观特征的角度进行景观分区。

1. 功能分区

功能分区是根据城市广场的自然条件和人文条件，结合各功能本身的特殊要求，以及广场与周围环境之间的关系来进行的分区规划。功能分区的目的是满足不同年龄、不同类型游人的游憩需求，合理、有机地组织游人在广场内开展各项活动。一般来说，综合性广场可以进行以下功能分区：文化娱乐区、观赏游览区、安静休闲区、运动健身区、儿童活动区。

（1）文化娱乐区。

文化娱乐区是城市广场中人流集中的活动区域。在区域内开展的是热闹、形式多样、参与人数较多的娱乐活动，是广场中的闹区。因为该区域人流集中、流量较大，要合理组织景观空间，设置足够的园路、铺装和服务设施。同时应注意该区域对周围环境的干扰，可因地制宜地利用地形、地势、地貌等加以遮挡。

(2) 观赏游览区。
观赏游览区通常占地面积较大，主要供赏景、游览。为了更好地达到观赏游览的效果，通常将该区域布置在自然条件优越的地段，选择地形起伏大、植被丰富或有临水景观的区域，或者结合历史文物、名胜古迹营造清幽的氛围。该区域需重视参观路线的组织规划，道路的密度应满足游人动态观赏和景观展示的需要。

(3) 安静休闲区。
安静休闲区是城市广场中供游人休息、交往或开展如阅读、下棋、聊天等活动的区域。该区域一般根据城市广场规模进行布局，不一定集中于一处，可以选择多处进行设置，也可以变化布局，创造不同类型、可以开展不同活动的空间环境。该区一般远离广场主要出入口，与喧闹区域有自然隔离，可结合自然风景，点缀亭廊、花架等建筑小品。

(4) 运动健身区。
运动健身区的主要功能是供游人进行各项体育运动、锻炼身体，具有使用人群多、对其他活动干扰大等特点。在布局上，该区域应尽量靠近城市主干道，并设置专用出入口，可结合城市广场自身的特点，因地制宜地设置各种活动场地。可以在平坦区域布置篮球场、羽毛球场、网球场、乒乓球台，在高处缓坡布置看台。林下的空间则可用于开展场地需求小的活动，如武术、太极拳等。

(5) 儿童活动区。
儿童活动区占地面积较小，活动设施较多，是专门为儿童设置的活动区域。一般选址在阳光充足、地势较高、无污染的地段。儿童活动区内的设施，应符合儿童心理，造型尺度小、色彩鲜明。主要场地有游戏场、戏水场、运动场、实践体验区等。主要设施有秋千、滑梯、跷跷板等。可根据儿童年龄进行分区布局，分为学龄前儿童区和学龄儿童区。该区域还应安排成人照看、休息和等候的场所。

2. 景观分区
将广场中自然景观与人文景观突出的某片区域划分出来，并拟定某一主题进行统一规划，是我国传统园林中最常用的分区方法。在现代广场设计中，仍然采用景观分区这一方法。广场内各景区都应有自己的内容、特色和景观识别性，并应结合场地结构进行合理布局，以构成整个广场的景观结构。

(1) 根据规划设计的意图进行分区。
根据规划设计的意图，城市广场可以形成不同的景观分区。

可以根据不同的自然景观特征来划分，如森林景观、草地景观、山地景观、水体景观、湿地景观等。以北京奥林匹克森林公园为例，它有以森林景色为主的鉴天山林；以湿地景观为特色的芦汀花序；以假山石配植物瀑布的林泉高致；以湖区景色为主的蓬瀛盛境和以喷泉水景为特色的泓天一水等景观分区。

(2) 根据植物季相变化进行分区。
景区一般根据春花、夏荫、秋叶、冬干的植物四季特色，分为春景区、夏景区、秋景区和冬景区。各个景区内选取具有代表性的植物作为主景观，配合其他植物种类，四季景观特色明显。比如可以通过广植垂柳和春花植物——京桃、榆叶梅、连翘等营造春花园，以夏季开花的合欢、木槿、紫薇、暴马丁香等植物营造夏花园，用秋季观花、观叶植物来营造叶色丰富的秋景园。

(3) 根据环境感受进行分区。
不同的景观能够带给游人带来不同的体验和感受，设计师可以以此划分景区。

比如宽广的水面、大面积的草坪和宽阔的铺装广场，能够形成开朗的景观，给人畅快的感觉。

清静的景区，利用林间空地和山林空谷等场地，形成四周封闭而中间空旷的安静环境，使游人能够安静赏景和休息。

幽深的景区，利用地形的变化、植物的遮蔽、道路的曲折、山石建筑的隔障，形成曲折多变、优雅深邃的空间环境。

3. 功能分区图
功能分区图用来确定设计的主要功能与使用空间是否有最佳的利用率和最理想的联系。功能分区图的主要任务是将设计的主要功能与空间关系用圆圈或抽象的符号表示出来。如用圆圈表示不同的空间，用简单的箭头表示运动的轨迹，用不同形状和大小的箭头来清楚地区分主要和次要的路线及不同的道路，如人行道和机动车道。星形或交叉的形状代表重要的活动中心、人流的集结点、潜在的冲突点及其他具有重要意义的场地。"之"字形线或关节形状的线表示线性垂直元素，如墙、屏障、栅栏、绿篱等。所有这些抽象的符号仅表示大致的界线或道路的走向，而不代表任何精确的边界。功能分区图可以指出道路铺装、水、草坪、林地等的类型，但不需要表现如颜色、肌理、质感、图案等细节。设计师可思考多种方案，理性地选择合理的方案。可以对同一场地现存的条件进行分析且在满足设计原则的基础上，设计不同的功能分区，择优选择。这一阶段，关键应在不妨碍造型设计的基础上，尽可能细致、深入地思考尺度、比例和功能的关系。功能分区图如图 6-16 所示。

【功能分区图】

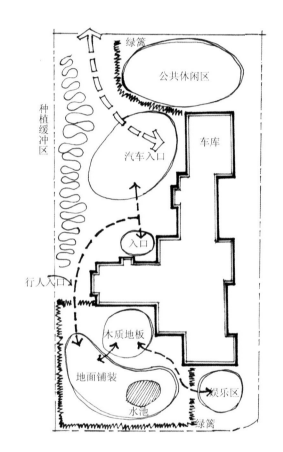

图 6-16　功能分区图
利用抽象的符号进行简单的区分与标记，如道路、标志、区域等。

在作功能分区图时，需要思考以下问题。

(1) 空间之间如何衔接？

(2) 什么样的功能空间必须分开，应相隔多远？在不协调的功能空间之中，应如何进行阻隔或遮挡？

(3) 如果使一空间穿过另一空间，是使其从中间还是从边缘穿过？是直接还是间接穿过？

(4) 功能空间是开敞的还是封闭的？它是由里向外看的空间还是由外向里看的空间？

(5) 是否每个人都能进入这种功能空间？进入空间是只有一种方法还是有多种方法？

理想的功能分区图，无须严格控制比例，且一个项目可以有多种不同的概念布局。

4. 造型研究

以上阶段设计师只是处理了一些比例、功能与位置的问题，而在本阶段，探讨的重点将转移到设计的造型和感觉上。一个概念性草图，虽然其功能安排相同，但是能够衍生出主题不同、造型各异的一系列设计方案。如图6-17～图6-21所示，以直线、曲线、弧线、圆形、三角形、矩形等为母题，可以得到遵循各种几何形体内在数学规律的图形，设计出高度统一的空间。设计师可以通过分析比较选择最佳方案。

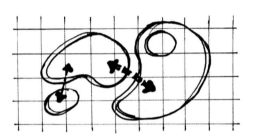
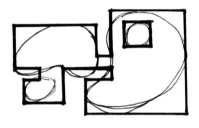

【方案1】

图 6-17 可以利用方格网进行尺度控制；在垂直线的辅助下，很容易组织方案

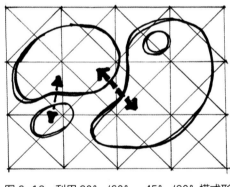
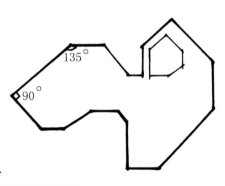

【方案2】

图 6-18 利用30°/60°、45°/90°模式形成的概念性图形

【方案3】

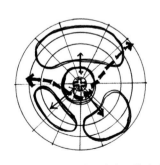

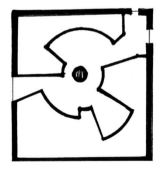

【方案4】

图 6-19 以同心圆为主题的方案
利用不同半径的同心圆创造不同的弧线，通过简化连接形成方案。

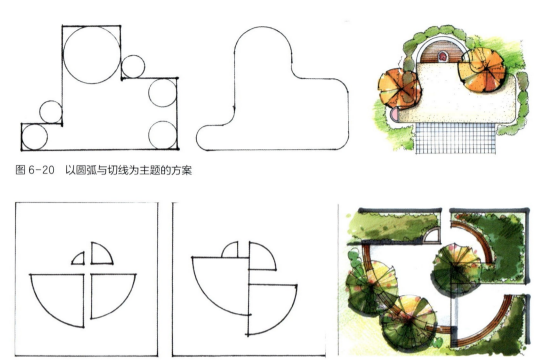

图 6-20 以圆弧与切线为主题的方案

图 6-21 以同心圆、扇形为主题的方案
利用圆的扩大、缩小、切割、错位等形成的方案。

为归纳几何形体在设计中的应用，图 6-22 把一个广场的概念性规划图用不同的图形模式进行了设计，产生了不同的空间效果。造型研究是处理设计中硬质结构（如地面铺装、道路、水池、种植池等）和草坪边缘线条的手段，这种方法非常适合小尺度（2 公顷或更小）的项目建设，也可用于大面积公园或风景区的特殊区域的规划。除了从功能与环境

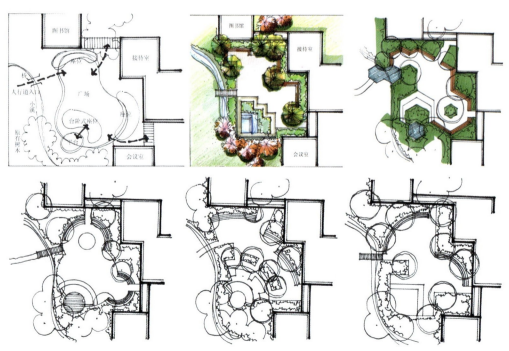

图 6-22 以方形、圆形、多边形等为母题形成的方案

入手进行方案构思，还可以将具体的任务需求特点、结构形式、经济因素甚至地方特色等作为设计构思的切入点与突破口，用联想、类比、隐喻等手法加以艺术表现。另外需要特别强调的是，在具体的方案设计中，可以同时从多个方面进行构思，寻求突破，或者是在不同的设计构思阶段选择不同的侧重点，这些都是最常用、最普遍的构思手段，这样既能保证构思的深入和独到，又可避免构思过于片面，走向极端。

6.2.3　方案比较与完善

1. 方案的比较与调整

根据特定的基地条件和设置的内容多做一些方案加以比较也是提高方案水平的一种方法。方案必须要有创造性，各个方案应各有特点且创意不能雷同。由于解决问题的途径往往不止一条，不同的方案在处理某些问题上也各有独到之处，因此应在权衡诸方案构思的前提下确定最终的方案，该方案可以以某个方案为主，兼收其他方案之长；也可以将几个方案在处理不同问题方面的优点综合起来。

2. 方案的完善与深入

到此为止，方案的设计深度仅限于确立合理的总体布局、交通流线组织、功能空间组织及与内外相协调统一的体量关系和虚实关系，要达到方案的最终要求，还需要一个从粗略到细致刻画、从模糊到明确落实、从概念到具体量化的进一步深化的过程。

深化过程主要通过放大图纸比例，由面及点，从大到小，分层次、步骤进行。应分别对平、立、剖及总图进行深入、细致的推敲，将所有的设计素材完整、精确地布置到图纸上。

在调整的过程中，应注意以下几点：

（1）明确技术经济指标，如绿化率、绿化覆盖率、建筑密度等。如果发现指标不符合规定要求，必须对方案进行相应调整。

（2）将设计因素的外形细节和材料整体联系起来。例如各个空间形式的塑造，比例、尺度、硬（软）质景观边界的处理手法，铺装的颜色、图案、质感，绿篱的图案、高度、颜色、种植密度等都需要深入考虑。画在图上的植物造型应借鉴其成年后的尺寸，其冠幅、形态、色彩、质地都要经过推敲和研究。

（3）设计的三维空间的质量和效果包括各种元素的位置和高度，如树冠、绿篱、墙体、地形等的高度及它们之间的高度关系。需要对立面、剖面进行深入的分析与设计，应严格遵循一般形式美原则，注意对尺度、比例、均衡、韵律、协调、虚实、光影、质感及色彩等原则规律的把握与运用，以取得理想的园林空间形象。

（4）随着方案的深入，除了各个部分自身需要调整，各部分之间必然会相互影响，如平面的深入可能会影响立面与剖面的设计，同样立面、剖面的深入也会涉及平面的处理。

方案的完善与深入是不断调整的过程，最终的造型是在不断研究的基础之上发展完善的。它可能与概念性草图、造型图有很大的不同，因为设计师在推敲比较特殊的因素时会产生一些新的想法，或受到其他设计因素的影响，而不断地调整自己的方案。

6.3 设计成果与表达

6.3.1 平面图

平面图是设计构思的体现,是设计要素的综合布局和设计形式的表达。平面图应色彩明快、清晰简洁,绘制时应突出设计、表述规范,且要避免其过于复杂,同时应多方案对比调整。绘制时应注重场地与边界的协调统一,采用平行、对齐、垂直、复形、同心、扩大、缩小、旋转、交叠、分割、错位等手法,相邻曲线可采用相切或相接的流畅线段,在视觉上形成有组织、成体系的构图效果,避免图纸中的线条出现太多方向,如图6-23~图6-27所示。

图6-25 以三角形为主题的方案

图6-23 以圆形为主题的方案

图6-26 以曲线为主题的方案

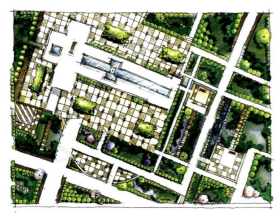

图6-24 以方形为主题的方案

图6-27 多线条组合的方案

设计师应合理设置景观结构,调整主要景观元素之间的关系。入口景观作为景观序列的开始,对景观结构起着至关重要的作用,可以设置在人流量比较大的界面上。为满足广场的通达性,需要同时设置多个入口时,更要突出主要的入口景观。精心设计游览路线,调整景观节点位置,构成景观轴线,统领全局,把控空间结构。景观节点应有主次之分,通常主节点和景观主轴具有密切关系。也可以利用对景手法制造视线通廊,形成虚轴,增强整体感。控制景观序列,细化空间,整合植物、水体、地形、建筑小品、铺装等设计要素,通过艺术的手法将各要素有机地组织起来。

6.3.2 景观剖(立)面图

景观的剖(立)面图主要反映标高的变化、地形特征及植物景观特征。设计师应在平面图中用剖切符号标出需要表现的剖立面的具体位置和方向,按比例绘制,如图6-28、图6-29所示。

6.3.3 分析图

分析图反映方案的设计思路,是对空间结构、功能分区、交通组织等的清晰解读。通常采用简化的符号简单明了地表达设计意图,具有一目了然的特点。绘制分析图时,一般会进行专类分析,力求清晰简洁、重点突出,图幅不宜过大,以免显得空洞。通常使用马克笔直接绘制(也可利用计算机辅助绘图),宜选用饱和度高、色彩鲜艳、对比突出的颜色。分析图对准确性要求不高,可以在缩小的平面图上绘制,也可以是简易的平面图,能表明主要关系即可。分析图包括道路/交通分析图、植物景观分析图、季相分析图、景观结构分析图、景观视线分析图、功能分区图、空间结构分析图等内容,如图6-30～图6-32所示。

6.3.4 景观设施小品及地面铺装

在确定整体结构与设计形式之后,方案就进入了深度设计阶段。在这一阶段可以根据设计意图选取主要的景观节点,以更大

图6-28 立面图1

图6-29 立面图2

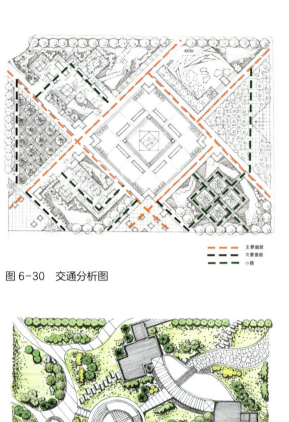

图 6-30 交通分析图

图 6-31 功能分区图

图 6-32 季相分析图

的比例绘制平面图，对细节进行深入刻画，如图 6-33～图 6-35 所示。在深度设计阶段需要以元素、材质、色彩等构成要素来完善具体的空间构想与功能内容。通常包括地面铺装、景观设施小品、植物等，如图 6-36～图 6-42 所示。设计师根据空间特性合理控制规模、尺度、数量、组合方式等，烘托空间气氛，丰富设计方案。

图 6-33　深入设计的景观节点图 1

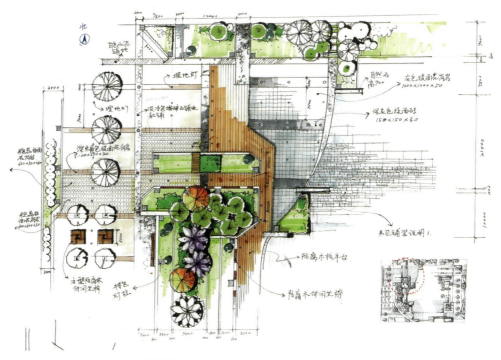

图 6-34　深入设计的景观节点图 2

图 6-35 景观节点的表现

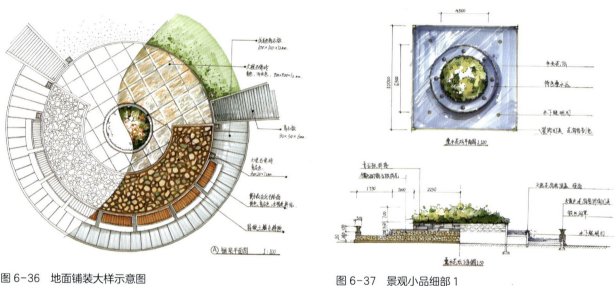

图 6-36 地面铺装大样示意图

图 6-37 景观小品细部 1

图 6-38 景观小品细部 2

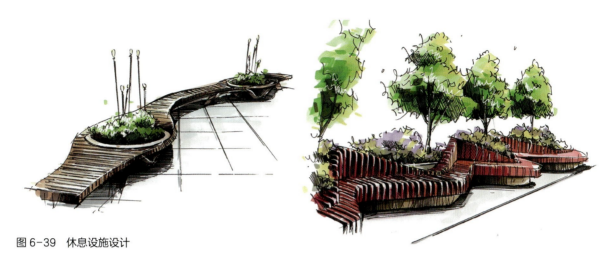

图 6-39 休息设施设计

 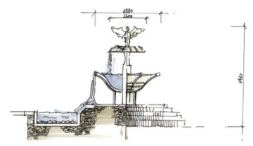

图 6-40 水体细部设计

图 6-41 水体的设计构思及细部

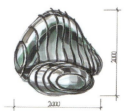

图 6-42 雕塑小品设计

6.3.5 透视图及鸟瞰图

城市广场设计一般采用一点透视图、两点透视图或者鸟瞰图的表现方法。透视效果图需要重点表现主要的空间节点,保证透视准确。绘制时应注意透视高度与视点方向的选择,处理圆形与弧形时尽量采用八点画圆法,将近景、远景结合,使人物有聚有散,并利用人体控制比例关系。投影方向要一致,可以适当绘制周边环境,注意留白,如图 6-43 ~图 6-45 所示。鸟瞰图直接呈现方案的整体效果和空间特色,是在观察整个场地后绘制的空间透视表现图,如图 6-46 所示。在绘制鸟瞰图时需要选择高于人视点的位置。

6.3.6 图纸整理与排版

方案深入完善后,需要对图纸进行整理与排版,可以利用计算机辅助制图软件进行排版。标题可设置为课程名称,也可以适当增加有主题的副标题来突出设计立意和特色。字体不宜过大,以近处能看清楚为宜。可以采用一大多小的排版方式(可以跨版),建议将平面图或者图面丰富的效果图作为主图。可以利用色块整合图面效果,底色纹理不能过于花哨,注意留白,如图 6-47 所示。

图 6-43 安静休闲区的透视效果图

图 6-45 观赏游览区的透视效果图

图 6-44 儿童活动区的透视效果图

图 6-46 鸟瞰图

图 6-47 图纸整理与排版

6.4 教学计划与课程作业

6.4.1 教学计划

1. 教学大纲

（1）课程总学时。
5周（90～100学时，每周18～20学时）。

（2）课程名称。
广场设计及园林绿化。

（3）教学对象。
二年级本科生。

（4）教学目的。
通过课堂讲授、分组讨论、考察、设计作业辅导、定期小结等环节，使学生了解中西方城市广场的起源及类型，认识中西方不同历史时期城市广场设计的人文背景和功能定位，了解城市广场设计发展总趋势，掌握城市广场设计的基本原则；培养学生正确的构思和设计方法，使学生系统地掌握园林绿化的基础理论知识；培养学生对常用园林植物的选择能力，使其掌握园林植物的应用特性，锻炼学生对园林植物种植设计图的识别与绘制能力。通过本课程的训练，使学生初步具备对城市广场进行方案设计的能力，同时提升学生对城市广场设计的认知。

（5）教学内容提要。
①广场的定义与分类。
②中西方广场的演变历史。
③广场的空间设计。
④园林绿化的功能。
⑤广场的植物配置。
⑥设计程序与方法。

（6）教学重点与难点。
课程着重讲述现代广场规划设计的概念、理论与实践、景观因素，训练学生在综合考虑城市环境因素的前提下进行广场空间设计的能力，使学生掌握广场的类别、形式、功能、设计方法，了解现代广场设计理论。重点训练学生按照正确的理论原则进行广场设计的能力。培养学生对常用园林植物的识别能力与选择能力，使其掌握园林植物的应用特性。锻炼学生对园林植物种植设计图的绘制能力。

另外，学生在设计时要充分分析中国的国情，设计有中国特色的"以人为本"的城市广场，展现中国的文化底蕴。这也是课程中的难点。

（7）教学进度。
第一周
①教师授课。
②学生查阅资料，收集相关设计规范及同类设计实例。
③考察与调研。学生走出教室，到现实环境中考察，理解和消化教师授课的内容；可采用摄影、速写等方法为后期的设计收集素材（重点考察休闲广场、交通广场、商业广场、纪念性广场）。根据考察的内容，撰写一份考察报告书。
④学生调研并记录植物物候期。

第二周
①各组学生回到教室，汇总考察情况，提出问题，由教师进行总结并回答问题。
②教师确定作业题目。
③学生构思与绘制草图。
④学生进行多方案草图评比，筛选可行性方案。
⑤教师根据学生的草图情况，选出问题较多、可行性较强的草图，进行详细讲解与点评，确定方案草图，为后3周的作业确定方向。

第三周
①教师根据每个学生的具体情况，分别进行针对性辅导，改进设计方案。
②评选出设计构思较好的作业，教师做点评。

第四周
①教师对学生进行一对一辅导，完善设计方案。
②辅导重点放两头，对成绩较好的作业进行拔高，带动中间成绩。
③展示作业，学生讨论，进行评比，教师评定。

第五周
①作业进入最后调整阶段，教师根据这一阶段出现的问题，进行总结。
②展示全部作业。
③教师根据学生作业构思、设计表达等情况进行综合评定(学生全程参与)。
④排版、装裱作业，进入后续整理阶段。

2. 作业要求
第一周
要求学生查阅大量中西方城市广场的资料并走出教室，到不同环境中去观察不同类型、性质的广场。然后分组进行讨论，根据考察内容写出考察报告，要求图文结合。

第二至第四周
根据所给条件进行调研，研究现场环境，在进行功能分析、可行性研究后绘制草图方案，确定平面草图2~4张，广场设计元素草图2~5张。进行草图方案审定、讨论，确定草图并调整方案。作业要求图纸整洁、严谨、规范、完整。

第五周
图纸绘制完成，利用绘图软件对其进行排版，并打印装裱。

6.4.2 课程作业

成果要求：总平面图1张；分析图2张；剖(立)面图2张；主要景观小品3张；设计说明。

成果表达：A1图板(840mm×594mm)1~2张，手工绘图或使用计算机绘图均可。

1. 工业主题广场
基地为沈阳市某重型机械厂旧址，位于城市干道的交叉路口，西面毗邻大型商业广场，东、南、北均为居住区。南北方向243m，东西方向147m，近平行四边形，如图6-48所示。西南角现有厂房结构完整，需保留，可酌情整饬、改造。

设计要求：广场以工业为主题，特色鲜明，功能合理；分析周边环境及场地现状，把握好广场与城市的关系；秉持"以人为本"的设计原则，控制好景观环境中各要素的尺度；注重地域文化、环境艺术在设计中的体现；合理设置广场的出入口，组织好人流动线，确保广场的通达性；控制景观序列，适当设计景观小品。

【工业主题广场设计方案展示】

2. 校园广场

基地东西长151m，南北宽80m，如图6-49所示。场地北侧为办公楼，南侧为两栋专业教学楼，东侧为教学主楼。根据所给条件对基地进行调研，实地勘测，周密分析周边环境及场地状况，明确广场功能，通过不同方案的比较、可行性分析，确定方案草图，调整方案结构，使方案严谨、规范、完整。

3. 城市休闲广场

基地位于沈阳市三好街与文艺路交叉口，总占地面积约1.7公顷，周边有居住区、商业区、公园、学校等，如图6-50所示。根据所给条件对基地进行调研，分析周边环境及场地现状，明确广场功能，通过不同方案的比较、可行性分析，确定方案草图，调整方案结构，使方案严谨、规范、完整，图面效果美观。

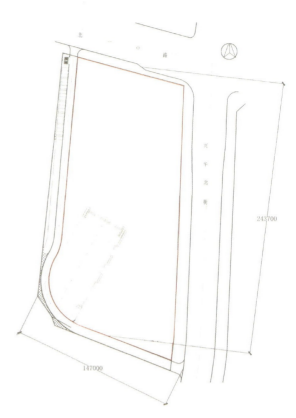

图6-48 设计范围1

图6-49 设计范围2

【校园广场设计方案展示】

【城市休闲广场设计方案展示】

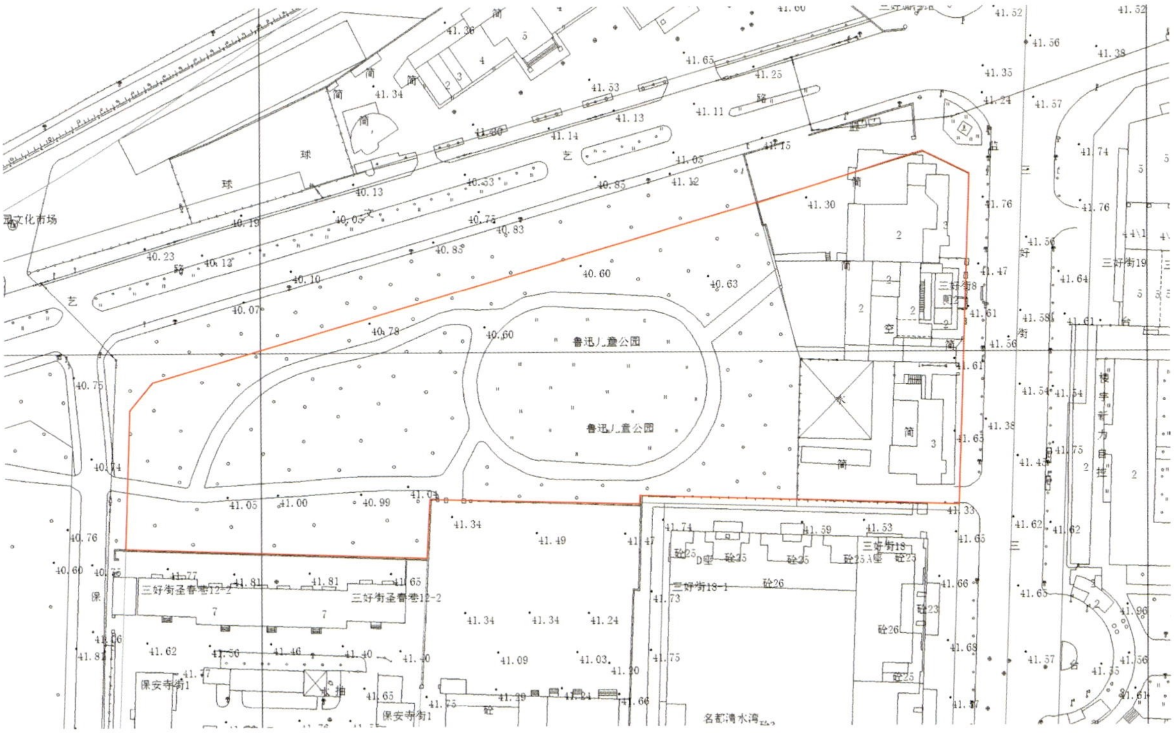

图 6-50　设计范围 3

复习与思考

1. 尝试进行场地调查并绘制一份场地分析图。
2. 独立设计一个面积 $1km^2$ 左右的广场。

参考文献

王珂，夏健，杨新海. 城市广场设计 [M]. 南京：东南大学出版社，1999.

文增著. 广场设计 [M]. 沈阳：辽宁美术出版社，2014.

赵宇. 城市广场与街道景观设计 [M]. 重庆：西南师范大学出版社，2011.

李科，石璐. 城市广场景观设计 [M]. 沈阳：辽宁美术出版社，2019.

艾定增，金笠铭，王安民. 景观园林新论 [M]. 北京：中国建筑工业出版社，1995.

苏雪痕. 植物造景 [M]. 北京：中国林业出版社，1994.

胡长龙. 城市园林绿化设计 [M]. 上海：上海科学技术出版社，2003.

王汝诚. 园林规划设计 [M]. 北京：中国建筑工业出版社，1999.

王晓俊. 风景园林设计：增订本 [M]. 南京：江苏科学技术出版社，2000.

刘滨谊. 现代景观规划设计 [M]. 南京：东南大学出版社，1999.

马克辛，李科. 现代园林景观设计 [M]. 北京：高等教育出版社，2008.

郝鸥，陈伯超，谢占宇. 景观规划设计原理 [M]. 武汉：华中科技大学出版社，2012.

陈志华. 外国建筑史：19世纪末叶以前 [M]. 4版. 北京：中国建筑工业出版社，2009.

王建国. 城市设计 [M]. 北京：中国建筑工业出版社，2009.

吴志强，李德华. 城市规划原理 [M]. 4版. 北京：中国建筑工业出版社，2010.

汪辉. 园林规划设计 [M]. 2版. 南京：东南大学出版社，2015.

盖尔. 交往与空间 [M]. 何人可，译. 北京：中国建筑工业出版社，2002.

钦. 建筑：形式·空间和秩序 [M]. 邹德侬，方千里，译. 北京：中国建筑工业出版社，1987.

汉尼鲍姆. 园林景观设计：实践方法 [M]. 宋力，主译. 沈阳：辽宁科学技术出版社，2003.

布思. 风景园林设计要素 [M]. 曹礼昆，曹德鲲，译. 北京：中国林业出版社，1989.

拉特利奇. 大众行为与公园设计 [M]. 王求是，高峰，译. 北京：中国建筑工业出版社，1990.

芦原义信. 外部空间设计 [M]. 尹培桐, 译. 北京: 中国建筑工业出版社, 1985.

西特. 城市建设艺术: 遵循艺术原则进行城市建设 [M]. 仲德崑, 译. 南京: 江苏凤凰科学技术出版社, 2017.

马库斯, 弗朗西斯. 人性场所: 城市开放空间设计导则 [M]. 俞孔坚, 王志芳, 孙鹏, 等译. 2版. 北京: 北京科学技术出版社, 2020.

史晓松. 现代城市广场中的地域文化特色 [D]. 北京: 北京林业大学, 2007.

苑军. 中国近现代城市广场演变研究 [D]. 北京: 中国艺术研究院, 2012.

张蕾. 中国当代城市广场设计: 反思与再研究 [D]. 北京: 北京林业大学, 2006.

徐磊青, 刘宁, 孙澄宇. 广场尺度与空间品质: 广场面积、高宽比与空间偏好和意象关系的虚拟研究 [J]. 建筑学报, 2012 (02): 74-78.

韦峰, 徐维波. 从共和国广场到帝国广场 [J]. 中外建筑, 2007 (01): 45-49.

曹文明. 中国古代的城市广场源流 [J]. 城市规划, 2008 (10): 55-61.

曹文明. 中国传统广场与社会文化生活 [J]. 东方论坛, 2006 (06): 122-127.

严军. 中国城市广场发展的脉络 [J]. 南京林业大学学报（人文社会科学版）, 2004, 4 (01): 80-83.

叶珉. 城市的广场（上）[J]. 新建筑, 2002 (03): 4-9.

陈晓彤. 中西方现代城市广场设计比较 [J]. 华中建筑, 2002, 20 (06): 60-62, 96.

李旭, 王营池. 文化的遗韵, 精神的空间: 以中国古代广场为例 [J]. 安徽建筑, 2012 (02): 29-30.

徐望川. 从"皇城"到"天府广场"一部建设的历史还是破坏的历史？[J]. 时代建筑, 2002 (01): 34-37.

王建国, 高源. 谈当前我国城市广场设计的几个误区 [J]. 城市规划, 2002 (01): 36.

李向荣. 城市广场人性化设计的思考: 茂名文化广场绿化种植设计心得 [J]. 中国园林杂志, 2001, 17 (05): 56-57.

杨渝南. 对中国城市广场文化表达的思考 [J]. 广东园林, 2007 (02): 7-10.